创新方法理论与应用

曹　杰　主编

科 学 出 版 社

北　京

内 容 简 介

本教材首先从宏观上介绍创新思维与方法的概念，让读者对创新与创新方法有一个更深刻的认识；其次，在此基础上，介绍 TRIZ 理论的创立背景与理论根源；再次，介绍如何通过 TRIZ 方法对创新中存在的问题进行描述并分析；接着，在描述与分析的基础上，系统地介绍如何通过 TRIZ 方法对问题进行诊断并寻求解决方案；最后，通过具体的案例，详细示范 TRIZ 在实际情境中的应用。本教材以实用性为主，既有对 TRIZ 理论的陈述，又兼顾对 TRIZ 使用办法的详细讲解与示范；同时，注重将思想政治教育融入大学生创新方法的教授，运用知名教育家和学者的名言名句、典型案例等多种形式提升大学生思想认识。

本书可作为大学生创新创业课程的教材，也可供广大对创新创业及 TRIZ 方法感兴趣的读者阅读。

图书在版编目（CIP）数据

创新方法理论与应用/曹杰主编. —北京：科学出版社，2021.8

ISBN 978-7-03-068990-0

Ⅰ. ①创…　Ⅱ. ①曹…　Ⅲ. ①创造学　Ⅳ. ①G305

中国版本图书馆 CIP 数据核字（2021）第 104151 号

责任编辑：许　蕾　曾佳佳/责任校对：杨聪敏
责任印制：张　伟/封面设计：许　瑞

科学出版社 出版
北京东黄城根北街 16 号
邮政编码：100717
http://www.sciencep.com

北京中科印刷有限公司 印刷

科学出版社发行　各地新华书店经销

*

2021 年 8 月第 一 版　开本：787×1092　1/16
2022 年 1 月第二次印刷　印张：11 3/4
字数：260 000

定价：59.00 元

（如有印装质量问题，我社负责调换）

前　言

“科学技术是第一生产力，创新是引领发展的第一动力。”革故鼎新在中华传统文化中历久弥新，“变则通，通则久”的理念深入人心。随着人类进入 21 世纪，信息化浪潮席卷全球，一方面，科学与技术决定一个国家的发展程度；另一方面，创新成为新时代引领社会发展尤其是经济发展的第一动力。“抓创新就是抓发展，谋创新就是谋未来。”对于一个国家、一个民族来说，提升创新能力势在必行。

国家创新能力的提升，体现在创新人才培养质量上。国与国之间的科技竞争，归根到底是对创新人才的竞争。创新能力的培养，不仅仅关系到“双一流”高校的建设问题，也是事关所有高等教育创新发展的一件大事。

2018 年，教育部印发《关于加快建设高水平本科教育 全面提高人才培养能力的意见》等文件，启动实施“六卓越一拔尖”计划 2.0。计划总体部署，全面推进新工科、新医科、新农科、新文科“四新”学科建设，全面提高高校服务经济社会发展的能力。“四新”学科建设是以全球新科技革命、新经济发展、中国特色社会主义进入新时代为背景，体现我国高等教育创新发展的必然要求，为 2035 年建成高等教育强国、实现中国教育现代化提供有力支撑。贯穿“四新”学科建设始终的理念，便是“创新”。由此可见，培养新时代大学生的创新素质和能力成为人才培养的核心要素。

那么，究竟如何进行创新？创新方法有很多，常见的有试错法、六顶思考帽法、头脑风暴法、六西格玛法、TRIZ 法等，其中风头正劲、风靡世界的当属 TRIZ（发明问题解决理论）法。本教材以 TRIZ 理论作为引导大学生学以致用、打开创新之门的敲门砖，以期提升大学生创新能力。

TRIZ 是“发明问题解决理论”俄语单词首字母缩写，于 1946 年诞生于苏联，由苏联发明家阿奇舒勒（G. S. Altshuller）和他的团队通过分析全球约 250 万份高水平的发明专利而总结出来的技术发展进化的规律。TRIZ 曾被苏联视为创新的利器而封闭于一国之内，随着苏联的解体，它开始流入欧美并传播至全世界。TRIZ 的核心思想包括三个方面：

第一，无论是一个简单产品还是复杂的技术系统，核心技术的发展都遵循客观规律；

第二，各种技术难题、冲突和矛盾的解决是推动技术发展演化的动力；

第三，技术系统发展的理想状态是用尽量少的资源实现尽可能多的功能。

TRIZ 认为技术系统中至少存在一个矛盾，而矛盾可以分为技术矛盾和物理矛盾。技术矛盾是指在改进技术系统中的甲参数时，会使得乙参数出现恶化。阿奇舒勒及其团队从几万个创新型专利中，总结出形成技术矛盾的 39 个工程参数。为了解决技术矛盾，他们总结出 40 个发明原理，并采用矛盾矩阵的方式，将每对矛盾用到的发明原理标示出来。有了矛盾矩阵，技术人员可以根据技术系统中存在矛盾的两组工程参数，直接定位到可以用于解决矛盾的发明原理。而物理矛盾则是对技术系统同一个参数提出相反的要求。为了解决物理矛盾，阿奇舒勒团队提出 4 类分离原理，即空间分离、时间分离、条件分离、整体与部分分离。技术矛盾与物理矛盾联系紧密，技术矛盾中一般隐藏着物理矛盾，而物理矛盾对系统问题的揭示则更本质、更准确。

本教材以实用性为主，首先，从宏观上介绍了创新思维与方法的概念，让读者对创新与创新方法拥有一个更深刻的认识；其次，在此基础上，介绍 TRIZ 理论的创立背景与理论根源；再次，介绍如何通过 TRIZ 方法对创新中存在的问题进行描述并分析；接着，在描述与分析的基础上，系统地介绍了如何通过 TRIZ 方法对问题进行诊断并寻求解决方案；最后，通过具体的案例，详细示范了 TRIZ 在实际情境中的应用。本教材既有对 TRIZ 的陈述，又兼顾了对 TRIZ 使用办法的详细讲解与示范，适用于指导大学生学习并掌握 TRIZ 这一解决发明问题的系统化方法。

本教材注重将思想政治教育融入大学生创新方法的教授，运用知名教育家和学者的名言名句、应用实例等多种形式提升大学生思想认识。此外，各个章节设有练习或问题思考，让大学生在课堂之外，深化对 TRIZ 方法的思考与实践，有助于提升学习效果。

本教材在编写过程中，凝聚了一支对创新技法具有应用经验及研究热情，并在实践中熟练掌握和应用 TRIZ 方法的团队。我负责总体思路和写作大纲的编撰，并进行统稿。各章的写作分工如下：第一章创新思维与方法由吴丹青撰写；第二章 TRIZ 理论基础由王翠撰写；第三章问题描述与分析由滕为撰写；第四章问题诊断与解决由陈澎撰写；第五章 TRIZ 方法应用由赵蕾撰写。编写过程中，徐州创新创业教育学院洪涛教授、袁兴国教授、赵辉、王倩等老师在写作、审阅、校对、参考文献梳理和排版等方面付出了心血，在此表示感谢。

承担本教材各章节编写的老师均长期从事大学生创新创业教育工作，在指导大学生创新方法提升方面均有一定的知识积累与经验。然而由于作者知识和经验的不足，教材难免存在不当及疏漏之处，恳请各位读者批评指正，这也将作为本教材不断修正完善的途径，以此为大学生熟练掌握并应用 TRIZ 方法提供更加有效的帮助。

曹　杰

2021 年 1 月于徐州

目 录

第一章 创新思维与方法

人之可贵在于能创造性地思维。

——华罗庚

学习要求 了解创新与创造的异同，熟悉创新思维的分类与特性
理解并能熟练运用不同创新方法
认识发明问题解决理论的重要性及特点
理解传统创新方法与发明问题解决理论的优缺点

自2014年提出“大众创业、万众创新”以来，创新创业已经前所未有地获得了越来越多的关注，尤其是“创新”的概念被提及的频率之高，体现了国家对于创新型人才培养与需求的高度重视。习近平总书记在党的十九大报告中指出，创新是引领发展的第一动力，要坚持实施创新驱动发展战略，建设创新型国家。培养创新型人才最需要注意的就是对人才的意识、思维和能力的培养，而思维培养又是重中之重，只有培养创新思维，才能实现思维向能力的转化，进而培养创新能力。

爱因斯坦认为“创新思维是一种灵活且持之以恒地能够以新颖、有建设性的想法解决问题的思维能力”。在人们的各种思维中，都会有创新思维出现，创新思维是在人类认识世界、创造独特成果的过程中对不同信息知识进行组合，取得突破性进展的思维活动。创新思维不是生来就有的，具有一定的内在规律，需要持续的后天培养和实践，并通过人们的总结和归纳形成新的方法，帮助人们解决新的问题。

在长期的社会实践中，人们已经开发了许多创新方法，如试错法、头脑风暴法、检

核表法等。这些创新方法是基于帮助人们克服发明创新的心理障碍，在一定程度上取得了较好的发明创新效果，然而创新效率并不高，且容易受到使用者经验、知识积累量等因素的制约。因此，本书着重介绍发明问题解决理论（TRIZ）这种创新方法，帮助人们系统地分析具体发明问题，突破思维定式，力求实现传统创新方法与 TRIZ 创新理论的有效结合，探索、突破新的领域。

第一节　创新与创新思维

人为什么要创新呢？历史上的许多突破性成果，如电灯的发明、飞机的发明等都与创新密不可分。离开了创新，人类将无法持续发展，科技也无法取得进步。创新是由创新思维的过程所决定的，为了取得更好的创新成果，人们对创新思维的特点与类型进行总结与思考，其间所形成的创新思维过程与方式，对人们，尤其是学生的创新培养具有重要的参考意义。

一、创新与创新思维概念

（一）什么是创新

“创新”一词最早来源于《经济发展理论》一书，该著作由美籍奥地利经济学家约瑟夫·熊彼特（J. A. Schumpeter, 1883～1950 年）撰写，他认为创新是新技术和发明在生产中的首次应用，是将一种新的生产要素和条件组合引入生产系统的过程。因此，“创新”一词最早强调了经济行为和活动，虽然现在“创新”已经逐渐应用到各行各业，但它的核心内涵并未改变，依旧强调经济价值，即“成果效应”，即创造、作品和发明具有市场价值时，才可称之为“创新”。

为了便于理解，在这里我们可以简单地为创新下一个定义：创新是创造前所未有的、有经济价值事物的一种活动。在这个定义中，“前所未有”与“有价值”这两个词语可以帮我们更好地理解什么是创新。从前面的讨论中可以看出，“有价值”的事物指的是需要经过现实社会检验的，需要被目标对象接受的，对社会进步具有推动作用的事物，也就是说，它必须具有可行性、实用性和有效性，例如无人驾驶汽车的研究等。

“前所未有”指的是首创性，也就是“第一个”。根据参照对象的不同，它可以是无中生有的，也可以是有中生无的。“无中生有”是一种狭义的创新，它可以说是从 0 到 1 的过程，也就是独一无二的原创，例如互联网的诞生、中国实现人类探测器首次在月球背面的软着陆等。“有中生无”是一种广义的创新，它是指虽然已有某项事物，但相对于自身而言是首创的、第一的，实际上是对现有事物的改进。

对于普通人来说，从无到有的过程可能是非常困难的，这也是人们谈“创新”色变的主要原因，因此我们逐步开始提倡广义创新，即“有中生无”。不在于这个解决方法是否曾被他人使用过，而是只要相对于自己来说，是有所突破的，是创新的即可。

（二）什么是创新思维

我们先来了解一下什么是思维，从心理学的角度来看，思维首先是人脑对客观事物的反映，这与感觉和知觉一样。不同的是，感觉和知觉是当前事物在大脑中的直接映像，而思维是人类大脑中客观事实的性质和内在规律的自觉、间接和普遍反映。

举个例子，我们抬头看云朵，感叹这朵云像一条小狗。这个过程就是思维。如果再分解一下：我们第一眼看到的只是一朵白色的云，这属于感觉认知，是第一信号系统；随后我们进行了思维的过程，这朵云形状特别，在大脑中搜索了很多概念，发现这朵云和家里养的小狗很像，因此进行了抽象的概括，在大脑中将这朵云和小狗的形象对等起来。人类文明的一切成就，也来源于不断提高的思维。

那么，什么是创新思维呢？创新思维是指用独特的方法解决一些问题，是一种特殊的创造性思维过程。

（三）什么是创新思维障碍

思维，从字面上可以理解为沿着一定方向进行思考。创新思维的障碍一是来自“思”，即固执、迷信、偏见等思维惯性；二是来自“维”，即规则、教条、习惯等思维定式。人的大脑如果持续不断地按照一个方向去思考，久而久之，就会形成思维惯性。若不断以这种惯性对待客观事物，就会形成思维定式。思维惯性和思维定式都会影响创新，成为创新思维的严重阻碍。在创新理论中，常见的创新思维障碍被细化为以下五种类型。

1. 感性型创新思维障碍

日常生活中人们很容易被自己的所见、所闻、所感影响，导致所感知的事物与事实本身有所偏差，影响我们所做的决定，最终影响我们解决问题的能力，这种障碍被称作感性型思维。最常见的就是“成见”，即用我们自己的经验来观察或描述事物，例如人们不会去想雨伞用来挡雨之外的其他用途。这是因为在心理活动中脑容量有限，大脑会过滤一些记忆以排除被认为无用的信息，尽可能地存储与已存储信息相一致的记忆并自动进行分类，当信息再次出现时，它便以一种简单、规范化的形态出现——即最初的成见。成见虽可以对信息不充分的事物加以充实，但它也会严重阻碍新的信息进行组合。创新实际上就是将看似杂乱无章的信息加以组合形成有价值的有机整体的过程，但是大脑中已存在的分类系统——成见会阻碍那些看似杂乱无章的信息合为一体，最终成为感性型创新思维障碍。“贴标签”是一种非常典型的感性思维障碍，人或其他事物一旦被贴上标签（如青年、女司机），他人则很难再注意到被贴标签的人或事物的其他作用和价值，无法用全面、客观、公正的立场与视角去看待。

【延伸阅读】

绝大部分外国人无法回答的问题，你也试试？

在一次探索人们思维方式的实验中，我们问了 22 个人一个同样的题目，记录了他们的见解，也来试试你的见解吧！

问题：儿子正被父亲带着参加一家大型企业一个重要职位的面试，他们刚刚到达停车场时，儿子的手机便响了起来。打电话的是另一家商贸公司的CEO，这个人说："儿子，祝你好运，你一定没问题！"挂了电话后，儿子看向身边的父亲。请问，这是怎么回事呢？

A：他接到了……来自 CEO 的电话。

B：电话里说"儿子，祝你好运"。

C：但他爸爸就坐在他旁边，所以就不是他爸打的电话。

D：他爸爸肯定是使用了录音。

E：可能他爸做了个录音带什么的？

F：他有两个爸爸？

G：这问题也太难了吧。

H：可能是文字游戏，比如说其实是他爷爷打给他的？也可能称呼他为 son（儿子）。

I：我觉得他的名字就叫"儿子"。

J：我不知道。

K：老人家也经常叫年轻人为 son（儿子）的。

L：我真的不知道。

……

答案：是他妈妈打的电话。这位 CEO 是一名女性。

A：啊，我怎么没想到，这不是当然的吗？

B：啊……

C：我应该想到的！

D：所以我是一个有偏见的人！

E：我认为自己不是一个有性别偏见的人，但这些下意识的偏见貌似存在于每个人的脑子里。

你的答案是什么？

（资料来源：https://m.weibo.cn/6459276458/4479930056415376）

2. 从众型创新思维障碍

心理学家认为，从众是人们受到群体压力时，决定跟从群体做选择的一种心理。简单来说，我们每个人都会有这样的想法，即别人这么做，我跟着别人做就不会错，也不会受到伤害。因此从众会给我们带来一种安全感。例如，我们到一个陌生地方，往往会选择顾客较多的餐厅，我们都会这样想：这家餐厅有这么多顾客，那么它的饭菜味道肯定比较好。很多时候人们总是会不自觉地被他人感染，并为了降低自己思考的成本，因此会选择从众，即用既简单又高效的从众方法解决问题，而并不会去探索背后的原因，即使我所从的“众”错了，也会有大众和我一起承担后果。

虽然“从众”听起来真的很安全，然而人类之所以能发展进化、社会之所以会进步，都是因为有“不从众”的少数人，他们信念坚定，敢于质疑，追求真理。洛克菲勒曾说过：“如果你想成功，不能循规蹈矩，而应另辟蹊径。”互联网赋予了公众表达的便利，网络上充斥着各种各样的观点，但是对于同样的事件，人与人之间也很难保持一致的观点，这就导致社交平台下的评论“斗争”。

3. 书本型创新思维障碍

几千年来，书本对人类的进步与发展起着不可磨灭的作用。有了书本，人们可以将他们的知识、教训及观念等传给下一代，让后人少走很多弯路。很多人都认为，读的书越多，创新能力越强，因此就认为一个大学生的创新能力比初中毕业的人强，然而这并不是绝对的。还有的人认为，书本上的知识和观点就是正确的，如果自己的研究和想法与书本不符，那就是自己做错或想错了。在这种情况下，人们在想解决一些问题的时候往往会照书本所说的做，亦步亦趋，照本宣科，凡是书本上没有出现的就不用做，逐条按书本做就一定不会出现错误，这就陷入了书本型创新思维障碍。

4. 经验型创新思维障碍

经验能够帮助人们快速解决问题，也往往能带给人一种信任感，例如工厂招聘时会选择技术熟练的工人，老中医把下脉就立刻判断出病因并对症下药……

毫无疑问，经验和习惯可以帮助我们解决很多问题，然而，它也存在局限性，即它阻碍我们进行创新思考，禁锢着我们的创新思维。人的思维本身包含惯性与惰性。对于新的复杂的问题，人们常常会习惯性地使用过去的经验，没有深入思考其是否适用，这就会使人犯错，面对问题一筹莫展。因此经验需要鉴别，我们要学会运用创新性思维，跳出条条框框，突破经验型创新思维障碍，才能更好地创新。

5. 权威型创新思维障碍

权威就是人们常说的“人微则言轻，人贵则言重”。权威型创新思维障碍，指缺乏独立思考，盲目相信权威。该思维障碍形成原因包括：不恰当的教育方式，父母与老师缺乏启发式教育，直接将固化的知识和一些泛化的权威观念灌输给子女与学生，使他们只能习惯并盲目接受。还包括个人崇拜现象，一些人通过网络舆论树立权威形象，并通过这种权威定式控制和左右一些人的思想。

美国一位心理学家的实验能够充分体现人们盲目迷信权威的心理：在上课前他告诉学生，学校邀请了一位“著名化学家”为大家分享他的最新发现，这位“著名化学家”拿出一个瓶子，告诉学生瓶子里有一种化学物质，有很奇特的味道，并让能闻到这种奇特味道的学生举手，不久，大部分学生都举起了手，但实际上，瓶子里装的是毫无味道的蒸馏水。事实上，权威只是在某一阶段、某一领域、某个范围内是正确的，并非适用所有问题，检验真理的唯一标准只能是实践。在创新的道路上，盲目迷信权威，则无法取得成功。

二、创新思维的特点与类型

（一）创新思维特点

创新思维既具有一般性思维的某些特点，同时也具有其独特性，主要可以概括为以下几点。

1. 创新思维的多向性

多向性指的是创新思维不受传统思想约束，我们不能仅单方面地思考，而是应该打破常规，开放信息、开放观念，全面地、多渠道地、多角度地提出问题。拥有奇妙的想象力是创新思维多向的基础。爱因斯坦曾说过，想象力推动世界进步，是知识进化的源泉。因此，发挥并运用好想象力，才能实现创新。创新思维要求人们在思考问题时，突破原来的思维框架和思维定式，是一种无阻碍的信息交流过程。在思维加工过程中，如果遇到难题，思路受阻，创新思维的多向性会让思维延迟判断，调整思路，从更多更新的角度思考不同可能性，产生合适的新方法。

2. 创新思维的独创性

独创性，顾名思义就是独特、新颖、有创意，它是创新思维的重要特征之一。不同于常规思维，创新思维有很大的跨越性，省略了思维步骤，具有明显的跳跃性。创新思维强调想法上的求新求异，偏离传统、与众不同，它需要对传统进行批判、破坏甚至颠覆。具有创新思维的人，会不同于常人，探索鲜有人涉及的领域，通过独立思考形成自己的观点和看法，从而产生崭新的思维成果。

【延伸阅读】

用香烟"买"时间

近几天，巴西巴西利亚市街头多了一些奇怪的自动售货机，这些自动售货机并不售卖商品，在售货机上印着一句醒目的话：用香烟可以购买千金也无法买到的时间了，现在立即行动起来吧！一根香烟=11 分钟。

一位等车的男士很好奇，一连投进 5 根香烟，售货机显示出来：恭喜，你可以用 55 分钟的时间好好阅读一本书了！紧接着，一本畅销书便从售货机中掉出来。

被机器吸引过来的人越来越多，一位中年女性用 10 根换了 110 分钟，得到一张电影票……一天过去，1500 余人使用了售货机，换到 15 万分钟的时间，兑换了各种商品。这实际上是当地政府推出的禁烟公益广告，自动售货机是广告的载体。

（资料来源：佚名. 换个思维，创新就在拐角处[J]. 印刷经理人，2016，（9）：92-93）

3. 创新思维的批判性

明代学者陈献章说过："前辈谓学贵知疑。小疑则小进，大疑则大进。疑者，觉悟之机也。一番觉悟，一番长进。"在认识问题、解决问题的过程中，创新思维会对一些既有的知识、经验进行质疑。只有通过批判，才能发现问题和不足，才有可能催生创新。但同时需要注意，批判性要建立在科学的基础之上，要有渊博的知识积累作前提。

【延伸阅读】

氧气的发现

燃素这一词汇在 18 世纪的化学界非常流行，当时的化学家们普遍认为，物体之所以能够燃烧是由于物体中含有燃素。因此，几乎所有的科学家都加入了寻找燃素的队伍。瑞典化学家舍勒通过复杂化学实验制备出了现在我们熟知的氧气，他将其命名为"火气"，他认为火气与燃素相互作用才能产生燃烧。英国人普利斯特利也非常笃信燃素说，与发现氧气擦肩而过。直到后来，普利斯特利偶然间把自己的实验说给拉瓦锡听，拉瓦锡大胆提出怀疑，经过缜密的分析推理，最终发现了氧气。

（资料来源：https://baijiahao.baidu.com/s?id=1655805459448711127&wfr=spider&for=pc）

4. 创新思维的灵活性

实践证明，传统的静态稳定的思维方式阻碍了创新思维的发挥与变革，为了彻底扭转僵化、呆板的思维方式，就必须发挥创新思维的灵活多变性，这种灵活性要随着社会环境和主题的变化而变化，不断调整、发展自己的思维结构，以适应客观条件变化的需要。为了摆脱思维障碍的消极影响，要学会转换视角，换一个角度思考，可能会有意想不到的结果。

【延伸阅读】

孙膑的故事

有一个关于我国古代著名的军事家孙膑的故事：孙膑师从战国时期著名思想家、道家代表人物、兵法集大成者、纵横家鼻祖及精通百家学问的鬼谷子。

鬼谷子本名叫王诩，精通于权谋之术，也善于培养人的创新思维，且方法异于常人。一日，他发给俩徒弟孙膑和庞涓每人一把利斧，要求在十天内做到“柴无烟，百担有余”。庞涓听后立即拿起斧子开始上山砍柴。孙膑则首先进行了分析，然后找来一些榆木放在山洞之中，烧成木炭，并用柏木做的扁担挑到鬼谷子面前，意为百（柏）担有余（榆）。十日后，鬼谷子先烧了庞涓的柴火，浓烟滚滚，而后又烧了孙膑的木炭，正是鬼谷子所要求的，火旺且无烟。

可见孙膑的思维较为灵活，因此出师后，孙膑用兵出神入化，而庞涓则稍逊一筹，屡次被孙膑所破。

（资料来源：https://www.ma3office.com/news/81541.html）

5. 创新思维的综合性

创新思维的综合性主要表现在对前人思维成果的综合应用，但这种综合性思维不是把大量的概念、事实和观察材料随意地拼凑在一起，也不是机械地相加，而是在将它们视为整体的基础上，根据其内在的、必然的联系，在思维中重新表现出来。因此可以说，综合就是创新。伟大的科学家牛顿曾说过：“如果说我看得比别人更远些，那是因为我是踩在巨人的肩膀上的。”创新思维的综合性表现在：第一，要善于选取前人智慧的精华，经过巧妙结合形成富有创新力的成果；第二，要善于整理搜集到的各种材料、信息、事实等资源，将它们进行科学的概括和归类，使其准确反映客观事实；第三，辩证分析能力，即对客观事物深入观察分析，找寻最能反映其本质的特点并归纳出一般规律。

【延伸阅读】

乔布斯

计算机业界及娱乐业界灵魂人物之一的乔布斯是美国苹果公司的创立者。几十年前，人们听音乐还依赖磁带和 CD，一张磁带或 CD 通常只能存储十几首歌，携带十分不便。硬盘的性能非常强劲，且当时早已运用在家用计算机上，但人们的固有思维认定，硬盘应该在计算机上使用。乔布斯突破思维定式，将当时最新研发的 1.8 英寸硬盘用在数码影音产品上，研发出了首代可存储近百首歌的随身听 iPod，其一经问世便大获成功。几十年来，乔布斯和苹果公司勇于变革、不断创新，引领了一代又一代消费级电子产品的潮流，让最新的电子科技产品走入现代人的生活。

（资料来源：https://www.jianshu.com/p/55cb2e6f81dc）

（二）创新思维类型

创新思维提倡自由畅想，完全不受顺序、方向等的影响，以新颖、多向、灵活、直观等特点，在创新活动中起着决定性作用。为了能快速有效地掌握创新思维方法，我们会根据思维的方向和过程进行分类，考虑使用哪一种思维形式有助于我们从宏观上理解创新思维的过程。在专家学者研究的基础上，我们将创新思维归纳为如下四组既对立又统一的思维类型。

1. 发散思维与收敛思维

托马斯·库恩认为，科学进步需要同时运用发散思维和收敛思维，成功科学家的性格在于在发散思维和收敛思维之间保持必要的张力。

1）发散思维

俗话说，思绪万千，新意无穷，发散思维就是其最好的证明。发散思维（divergent thinking）指向四面八方扩散的思维，也可称为扩散思维。其本质是围绕一个目标或问题，从各个不同方向、途径寻求多种答案的思维方式（图 1-1）。这种思维是由美国心理学家 J. P. 吉尔福特在《人类智力的本质》中将其作为与创新相关的思考方法提出的。

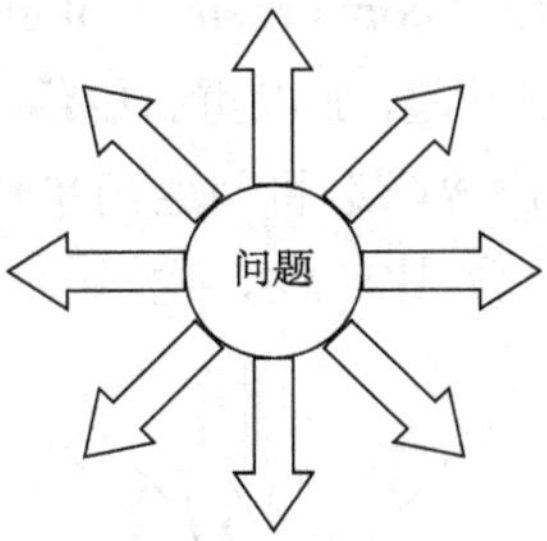

图 1-1　发散思维

培养发散思维能力一般包括三个方面：一是培养思维的广阔性。在短时间内，从任意给出的问题中，尽可能地多提解决方案，允许“异想天开”，先不考虑是否可行，求新、求多、求与众不同。当前我国的教育模式往往更加注重收敛思维的培养，追求唯一解、标准答案。如语文科目中的阅读理解，不应只有标准答案，对待同样的事物，每个人的看法可能都不同。二是训练思维的灵活性。人们在思考问题时，常常会被大脑中既定的惯性思维框架所影响，只能按照一个方向来思考问题，限制了思路的开阔性。思维的灵活性也体现在变通上，思维要灵敏、快速转换角度、不拘泥、不死板，可举一反三，也可触类旁通。灵活性为较高层次的发散思维所有，灵活性的提高有益于激发数量更多、范围更广的思路。例如，人们在思考砖头的用途时，大多局限于建筑行业，如用来盖房子、铺路、修炉灶等，缺乏变通，而灵活性的提高，会使人们跳出思维框架，进而想到钉钉子、做支撑书架、当画笔和尺子等非常规用途。很显然，后者的创新思维能力比前者强。三是提倡思维的独特性。独特性表现为人们在发散思维中做出的超越固定认知方式，以前所未有的新角度提出新颖、奇特、独到的新观念。

【连一连】给出下面九个点，请用四条直线一笔连成。

2）收敛思维

一个完整的创新思维过程一般包括发散思维与收敛思维。吉尔福特将收敛思维定义为“从记忆中回忆出某种特定的信息项目，以满足某种需要”。不同于发散思维的“广泛搜寻许多备择信息”，收敛思维（convergent thinking）也被称为集中思维，是在扩散思维的基础上，将各种信息聚集在一起，加以重新组织，最终得出一个最佳方案（图 1-2）。收敛性思维采用科学的方法通过快速筛选将问题简单化，并最终得到一个唯一正确的答案。收敛思维具有唯一性、集中性、比较性、逻辑性。

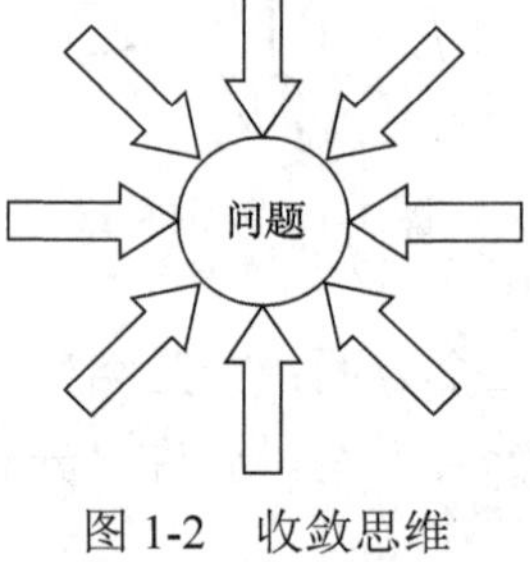

图 1-2　收敛思维

唯一性是收敛思维的最终归宿，人们已经运用发散思维得到了许多方法和对策，这时就要根据具体需求，从不同方法中选择最佳结果，最终方案的选择对于问题的解决起着至关重要的作用，因此要慎重。

集中性指的是针对一个集中的目标，从不同的方向将发散思维指向这个目标，通过比较、筛选、组合找到解决问题的方法。

比较性主要表现在，为了达到思维目标，将大脑中存储的信息进行筛选，保留有用的，去掉无用的。通过多种路径和方法的比较，最后确定优劣。

逻辑性要求进行包括定性和定量分析在内的冷静的科学分析，并通过对现有信息的加工处理，有顺序有步骤地进行分析。

发散和收敛思维实质上是互补的，任何一个创新过程，都必然要经过从发散到收敛，再从收敛到发散，循环进行下去，直到问题解决，因此在进行人才培养时也要注意两者的有机结合。

2. 横向思维与纵向思维

1）横向思维

横向思维（lateral thinking），是一种从空间跨度上，把并存的事物、现象排列组合，作形态上、类型上的比较的思维活动，也可称为侧向思维。从空间术语上来理解，纵向思维是垂直的、直线式的思维，横向思维是多角度的、扩散性的思维，在某种程度上，它与发散思维比较相像，都是指对同一问题的不同选择方案。横向思维呈现出开放性、横断性和同时性的特点。

开放性是指它不局限于自己同自己比，也可以将自己与他人比。与纵向思维不同，横向思维将自身事物发展的过程和阶段作上下、左右、前后对比，如中外文化差异、计划经济和市场经济对比等。因此，横向思维总是建立与其他事物间的联系，才能不断提高。

横断性是指事物的横向比较，横断性使人可以更深层次地思考相互关系，从而推出不易发现的问题。“货比三家”就是横断性比较的过程。因为如果单从某一家购买物品，我们很难知道这一地区某一商品的价格和质量是否合理和可靠，通过多去几家商店进行对比就可选出性价比最高的商品了。通过横向对比，人们很容易发现自己的差距，能激发自己不断做出改变。

同时性是指，在时间概念这个范围内研究各方面的相互关系。例如2008年北京奥运会期间中国旅游业与餐饮业的发展研究就是同时性的体现，先将2008年北京奥运会期间这个时间范围确定下来，再研究中国旅游业与餐饮业的发展状况。同时性的特点使得横向比较与研究更具针对性。

2）纵向思维

纵向思维（vertical thinking），也被当作线性思维、逻辑思维。纵向思维就是对事物发展过程的反映，任何一个事物都要经历一个萌芽、成长、成熟、发展、衰退和死亡的过程，并且这个过程具有一定规律性。它要求人们要有打破砂锅问到底的钻研精神。“纵向思维是着眼于事物的发展历史，立足于事物存在的缺点，研究事物从缺陷到完善发展的思维。纵向思维是一种可以预测未来趋势的思维方式。”例如木制轮胎容易受损，因此有人提出用铁制车轮，但是由于铁制轮胎震动太大，后来又有人将轮胎的材质改为橡胶，运用气体缓冲原理避免了大幅度的震动，到现在为止，各种单车、汽车、摩托车等都使用这种橡胶轮胎。由于纵向思维的思维模式是从事物的过去到现在、从现在到将来，在对同一事物不同时期的比较、分析和综合中推断将来，把握事物发展趋势的过程，纵向思维具有历时性、同一性和预测性的特点。

历时性是指按照时间的先后顺序，揭示事物发展的过程。它既可以从事物的整个生命进程中发现事物的发展规律，也可以对事物的某个阶段进行考察。例如回顾中华人民共和国成立70周年的发展历程、纵观中华民族几千年的历史等。

同一性指的是在历史性的比较中，所考察的对象必须具有稳定性和可比性。如果是对不同事物进行的考察比较，思维的结果就是无效的。

预测性指的是纵向思维可以通过对过去和现在事物的纵向考察，预测未来发展的趋势，并通过对未来的预测指导将来的行为。这种预测可能会发生，也有可能不会发生，例如天气预报、地质灾害预测等。这种思维方式对于指导人们的行为、规划起着重要作用。

横向思维和纵向思维的互补实际上就是逻辑思维与非逻辑思维的互补。德·波诺用非常形象的例子描述了二者之间的相互作用和互补性：“横向思维恰似汽车变速器的倒车挡。没有人会只使用倒车挡开车，而另一方面倒车挡又是必需的，而且我们需要学会使用它，以实施机动和从死胡同里退出。”

3. 正向思维与逆向思维

1）正向思维

正向思维是一种按照常规思路，按照事物发展过程、时间发展顺序对事物的各方面进行充分分析，并在此基础上推知未知部分，提出解决方案的思维方式。正向思维也可形象地表达为“顺藤摸瓜”，以已知知识推理到未知知识来揭示事物本质。人们常采用正向思维，用常规的思维路径去思考，从而得到解决问题的方法。正向思维具有以下特点：一是正向思维是与时间方向相一致的，对于事物的思考是符合自然发展过程和人类认识的过程的；二是正向思维能够透过问题看本质，认识具有统计规律的现象并发现其本质特征；三是正向思维能够高效率地处理生活中的常规问题，并得到很好的效果。

2）逆向思维

逆向思维与正向思维正好相反，是一种“反其道而行之”的思维方式，在思考问题时，要注意调整自己的思维方式，不要沿一条路走下去，要善于跳出思考对象既定的空间排序范围，从问题相反的方向寻找解决方法。逆向思维本质是知识和经验向反方向的转移，因此从对立的、相反的角度思考问题，往往会打破思维惯性，破除认知障碍，得到意想不到的结果。逆向思维具有普遍性、批判性、新颖性的特点。

逆向思维的普遍性是指它具有很多种形式，如顺序上的反向，包括先后反向、前后反向、上下反向等。在电影的制作剪辑中，有一种叫作“蒙太奇”的技术，就是通过对事物的结构要素进行分解重组，产生新的艺术效果。服装设计师会在衣服上进行不对称的设计，如左边有口袋而右边没有，颜色的撞色等，产生另一种时尚潮流。又如功能上的反向，包括有作用和无作用的转换，难易的转变，耐用变一次性等。风力灭火器的发明就是利用功能上的反向原理。根据常理，我们会认为风会使火势更加猛烈，但殊不知，在一些特定情况下，风甚至可以将火熄灭。

逆向思维不同于正向思维对常规的认识，它对传统、惯例、常识提出疑问与挑战，能够打破思维定式，破除思维障碍。

人们经常会使用简单、传统的正向思维来解决问题，但由于受到固有思路的限制，得到的常是习以为常的答案。人们认识事物的思路和解决问题的方法不应是单向的，合理使用逆向思维，从反向角度考虑问题，往往可以出奇制胜，令人耳目一新。

卢森堡认为，“有创造性的人物，会积极地把相反物和对立面凑合在一起，并借此表达科学的或其他的问题，进行创作并促进美学工作，建立理论，搞发明创造，以及建造艺术杰作”。正向思维与逆向思维相辅相成，互相作用就能创造出无限的可能性。如艺术家埃舍尔会将具有无限和有限潜在冲突的图形联系在一起；匈牙利著名设计师沃里兹会在一幅画里表达双重或多重含义，人们在近距离或远距离观察他的作品时，会看到完全不一样的主题；用特殊材料发明的一种新型屋顶，夏天呈白色，能反射太阳光线，降低空调使用成本，冬天呈黑色，能够吸收热量，减少采暖费用，这些都是对正向思维与逆向思维的典型应用。

4. 求同思维与求异思维

1）求同思维

求同思维就是将两个或两个以上的事物联系在一起进行求同思考，并产生新创意的思维方式。从已知的信息出发，追求秩序和思维缜密性，从客观实际出发，运用归纳法揭示事物内在的规律和联系即是求同思维。求同思维具有单一性、封闭性的特征。

2）求异思维

求异思维是指从已知信息出发，突破常规思维的限制，对某一现象或问题进行多方向、多角度、多层次、多结果的分析和思考，从中遴选最富创造性的思维方式。在日常生活中，如果有难以解决的问题，不妨将大脑进行 180 度的转弯，往往能收到意想不到的结果。求异思维通过追求“异”来获得创新，但是这种求“异”绝不是求“歧”，一味地追求奇特而忽视创新的社会价值就会走上歧路。多向性、超越性、开拓性、独创性是求异思维所具有的特点。

求异思维的多向性既表现在从某一点出发向不同方向、不同角度进行的思维发散，也可以表现为从不同出发点发散最终聚集到某一个共同目标。这表明，求异思维并不满足于某一个结果，而是提倡迸发出不同的结果，这就是潜在的创造力。

求异思维的超越性，实际上是突破限制，超越规则，所有的创新都是对现存规则的挑战。中国人讲究“和而不同”，我们追求和谐，但不代表要附和权威，僵化的想法不是创意。人类的每一次进步都离不开对规则的超越，对各种“例外”的追求；墨守规则，只会禁锢头脑，无法真正创新。

曾经有位企业家说过这样一句话：“没有做不到，只有想不到。”这里的“想”就是要人们去开拓，想别人想不到的、不敢想的事。经济学上有一个经典的营销案例，“如何把梳子卖给和尚”，分析思考这个经典营销案例就是培养求异思维的过程。不同的营销员有不同的想法：有的从梳子对头皮的保健功能出发进行推销，有的从寺庙对香客的人性化服务出发，建议和尚买梳子提供给头发乱掉的女香客，有的则从寺庙的经营管理入手，通过赠送“积善梳”，扩大寺庙知名度。机遇永远都是存在的，人们运用求异思维消除偏见，用心开拓，就能获得成功。

求异思维中的独创性是创新思维最重要的特征之一。对于公司运营来说，“异”实际上就是标新立异，与众不同，并能吸引顾客，满足顾客的需要。拼多多就是运用求异思维异军突起的新电商。在中国，以淘宝、京东为代表的电商平台已经运营得非常成熟，占据着绝大部分的市场份额，要想从他们手上分一杯羹显然是很不容易的。拼多多另辟蹊径，瞄准了那些占人口总规模比例极大、收入水平一般、能够带来巨大流量的人群，通过拼着买的新颖购买形式，为大家的网购提供了优惠。另外，拼多多在电商中加入了娱乐社交的元素，如多多果园、领取免费水果、限时秒杀、砍价免费拿等活动，将优惠共享，让客户实现共享式的购物。

三、创新思维的过程与方式

创新思维是将来人类的主要活动方式和内容，创新是由创新思维的过程决定的，与常规思维习惯性地解决问题不同，运用创新思维解决问题是一种复杂的心理活动过程，在它的运行中有着独特的思维活动程序和规律。

约瑟夫·沃拉斯（J. Wallas），一位著名的美国心理学家，在 1945 年出版的《思考的艺术》一书中，将创新思维的发展分为四个阶段，即准备、酝酿、明朗和验证阶段。

（一）准备阶段

创新思维的准备阶段主要是发现问题的过程。可以说，创新来源于发现问题，是可贵探索精神的体现。知识具有传播和继承性，因此人们的大脑极易依靠知识形成一种固化的概念世界，当现象与固化概念不同，问题就产生了，发现问题就是创新思维的开始。爱因斯坦说："形成问题通常比解决问题更重要，因为解决问题只涉及数学或实验技能，但形成问题并非易事，需要创新和想象力。"为了逐步明确解决问题的思路，需要进行大量资料搜集和准备。在准备阶段，大脑收集的资料越全面，越有利于后期打开思路，发现问题的本质。例如，19 世纪中叶，著名的有机化学家凯库勒被"苯"这种有机物深深吸引，夜以继日地对"苯"的结构进行研究和思考，最终发现了苯环结构。人们常认为创新思维是像火花一样一瞬间地闪现，但实际上常需要漫长的知识积累与素材搜集。

（二）酝酿阶段

日本创造心理学家高桥浩曾说："创造性思维也和造酒一样，需要有个酝酿期。在准备阶段，我们得到的信息通常并无很大作用，而到了酝酿阶段，这些信息逐渐整合，方案逐渐成熟。普通人在准备阶段后期就无法忍受，进而放弃，因此也无法进入酝酿阶段，只能一次次地在准备阶段徘徊不前。"创新思维的酝酿阶段，就是在累积一定经验和知识的基础上，开始有意识地探索和分析与问题相关的资料与信息，最终目的是找到解决问题的途径和方法。酝酿阶段是创新思维能否最终获得成功的决定性阶段。在这一阶段中，思维主体从表面上看已经不再关注思维对象，但是，心理学研究表明，在这一阶段，人的大脑仍然时刻在对尚未解决的问题进行潜意识的思考。例如白天百思不得其解的问题，在夜间睡眠时会出现在梦中。可见，酝酿阶段是思维潜意识的活动过程，当受到一定刺激，这种潜意识可能会孕育出新观念、新思想，使问题得到解决。正如作家埃德娜·弗伯说过："一个故事，要在它自己的汁液里慢慢炖上几个月甚至几年，才能成熟。"

酝酿阶段通常时间漫长，思维强度大，常耗费巨大精力。这一时期，思维主体运用各种思维方式，时而发散、时而集中、时而组合、时而撞击，不断选择，寻求新创意。在发散思维中，思维主体围绕待解决的问题指向，不断扩大思考的范围和领域，冲破传统思维方式和权威的束缚，"异想天开"，另辟蹊径。在收敛思维中，从大量的发散思维构想中，科学地分析，合理地归纳，高度地概括，使思维概念化、条理化、系统化。这一过程通常要经历从发散到收敛，再从收敛到发散的循环往复才会形成。由于创新思维具有极大的随机性和技巧性，不存在固定的、普遍适用的方法，因此必须重视想象与直觉在创新思维中的重要作用。想象能超越时间与空间的限制进行发散思维，直觉能够帮助人们在变幻莫测的环境中迅速确定目标。

（三）明朗阶段

明朗阶段，也叫豁朗阶段，是经过充分的酝酿之后，在大脑中突然闪现的“灵感”或“顿悟”。在这一阶段，很多百思不得其解的问题，意想不到地就迎刃而解了。人们常说的“豁然开朗”“踏破铁鞋无觅处，得来全不费工夫”描述的就是这种状态。明朗阶段可以用“柳暗花明又一村”来形象地形容。明朗阶段属于灵感、顿悟思维，灵感并不是神秘莫测的，它的出现意味着常规思维的跳跃、逻辑思维的中断，它是“长期积累，偶尔得之”的过程。灵感又会产生顿悟，它是在解决问题的情况下，主体对问题关键豁然贯通而得到答案的学习经验，也称“啊哈经验”。人们在创新过程中筋疲力尽，放弃的念头逐渐占领大脑，开始逐渐将注意力转向其他地方，这时，突然迸发出一种“顿悟”以至于研究者有一种不由自主喊出口的冲动，这就是“啊哈经验”。例如，达尔文一直在为《进化论》的写作筹备素材，大脑中的所有信息在一次坐马车进行远途旅行的时候突然间融为一体。“当解决问题的念头高高兴兴地跳入我的脑海时，我还记得我的马车经过的地方。”可见，明朗是最令人兴奋的阶段，是创新思维出现的必然性和偶然性的统一。

（四）验证阶段

并不是所有的灵感和顿悟都是可靠的、可行的，理智和判断通常就需要在这个时候发挥作用。对于在明朗阶段获得的解决问题的思路，需要从理论上和实践上进行反复检验，验证阶段是完善和充分论证的阶段。

第二节　常用创新技法

创新思维的运用有利于人们用新的眼光、不同的方法和角度来看待问题，打破思维障碍，得出新的答案。笛卡儿说过：“最有价值的知识是关于方法的知识。”为了更好地提高创新思维能力，我们要善于归纳和总结创新思维的内在规律，并形成解决问题的新方法、新策略，这些方法不仅能够诱发人们的创造力，更重要的是，这些方法可以复制，使得普通人也能掌握那些神秘的、原来仅为少数人独有的创新设想。

长久以来，人们总结出的创新方法不胜枚举，在本章节，我们将对常见的几种创新技法进行介绍。掌握这些方法并不是依靠知识的讲授和学习，而是要亲身体验和实践。这里需要指出的是，方法固然是重要的，然而从某种程度上来说，方法有时候也会是条条框框，成为束缚思路的枷锁。因此，对于创新方法的学习，不仅仅是按部就班，最重要的是灵活多变。法国生物学家贝尔纳说过：“良好的方法使我们更好地发挥运用天赋的才能，而拙劣的方法则可能会阻碍才能的发挥。”面对如此多的创新方法，我们要有选择地进行学习，当一种方法成为创新的阻碍时，要勇敢地对这种方法进行创新，发现更适合的创新方法。

一、试错法

（一）试错法简介

20世纪60年代，哲学家卡尔·波普尔在其著作《猜想与反驳》中提出“猜想–反驳法”，也可被称为“尝试–错误说”，它是通过不断尝试来获得能够正确解决问题的创新方法。早期行为主义心理学家认为问题的解决是“尝试–错误”的结果，如果找不到解决方案，就会一次次不断地进行尝试，直到问题解决为止。

心理学家桑代克曾经为论证试错法做了一个著名实验：一只饥饿的猫被关在笼子里，笼子里有个把手，笼子外有一盘丰盛的午餐。只要猫碰一下把手，笼子门就会开启，饥饿的猫就可以吃到午餐。实验刚开始，猫只会在笼子里乱跳乱抓，当然，有时也会碰到那个把手，笼子门就自动打开。在实验后期，猫逐渐意识到笼子门是通过碰把手开启的，再把猫放进笼子后，它就会直接去碰那个把手并逃出笼子。

这个实验为试错法提供了事实依据，也告诉我们，动物能够从错误中学习。爱迪生可能是世界上最著名的使用试错法从失败中汲取经验的科学家，甚至有时候人们会将试错法认为是“爱迪生法”。值得注意的是，爱迪生的反复试验并不是一个随机的、漫无目的的过程，它希望最终会出现一些东西。每一次失败的或成功的尝试，或者是夹杂着失败与成功的实验，都会为下一次的尝试指明一个方向，使人们能够趋向成功的解决方案。

（二）试错法的具体内容

波普尔指出：“如果人们都不碰那些容易使人出现错误的问题，那么我们的知识就不会增长。”事实也证明，一些大胆的错误的推论反而使我们学到更多知识。因此，也有科学家认为，科学理论的发展、创造理论的提出都来源于试错。试错法包括：①提出充分多的不同类型的理论；②应用演绎逻辑从这些理论中推出一系列特殊的观察命题；③对这些命题进行足够严格的检验。使用不同的严格检验的方法依然不能证明一个科学理论是伪命题，我们就可以暂时地接受它。

为了便于理解，波普尔将试错法总结为一个式子：P1-TT-EE-P2。P1 指代老问题，TT 指代猜想，EE 指代解决问题，P2 指代新问题。该式意为，科学的研究常以老问题（P1）开始，又以新问题（P2）结束。为了解决老问题，一个猜想（TT）被人们提出，但其极有可能存在整体或部分错误，通过批判性的讨论与实验检验，在解决问题 EE（阶段），老问题得到解决，同时又会产生新的问题。这里的“批判性的讨论”就是“消除错误”。因此，本质上，试错法是通过不断尝试、批判和检验，从而排除错误。

（三）试错法的特点

试错法具有试探性、批判性和检验性三个特点。

科学研究是试探性地提出一个个解决问题的方法或理论假说，并逐渐发现错误、改正错误的过程。如图 1-3 所示，人们根据以往的经验，试探性地向 A 方向寻求答案，若发现无法解决问题，则再沿着 B 方向寻找答案，若仍无法解决，则再变换到 C 方向，直到在第 N 方向找到一个满意的答案为止。由于人们并不知道最满意的答案所在的位置，因此在找到该答案前，往往要不停重复地试探，在每一次试探的过程中，都增加了我们找到成功之路的可能性。波普尔强调："不成功的试探甚至要比成功的试探更重要。"

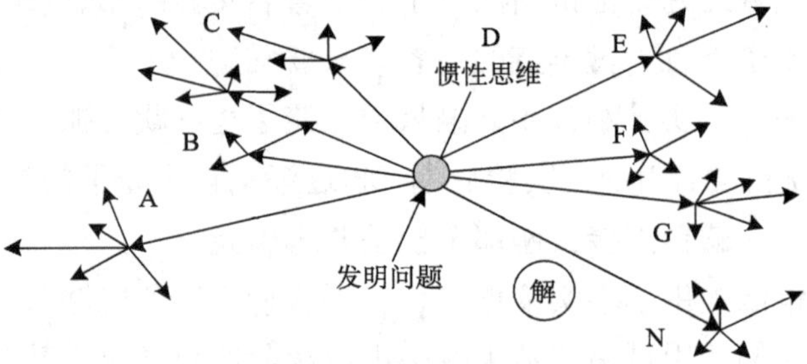

图 1-3　试探性的过程

波普尔认为错误和真理的概念不是完全对立的。只有通过批判性的讨论，寻找错误，我们才能接近真相，而试错法属于理性批判范畴。对于错误而言，科学家要采取有意识的、审慎的批判态度，试图去发现错误，越是有理性就越不怕错误。理性的批判包括批判别人，甚至是自己提出的理论。遗憾的是，许多人害怕犯错，将错误当成坏事，经常固执己见，从不自我批判，也不接受别人的批判。而爱因斯坦总是愿意寻找各种理论，甚至自己理论中的问题，也欢迎别人的批判，因此成为伟大的人。

波普尔认为，试错法的成功主要取决于"提出足够数量和独创的理论，所提理论应足够多样化，并应进行足够严格的检验"。检验需要遵循一定路径，从一个尝试提出的新思想（假想、假说、理论等）出发，分析推理得到部分结论，并将所有结论加以比较分析，再与其他相关的陈述进行比较，从而发现它们之间的逻辑关系。同时，波普尔还总结出四条检验理论的路径：考察理论的逻辑形式，在结论之间进行逻辑比较，同其他理论进行比较，从结论的经验应用进行检验。

试错法是一个漫长的过程，需要耗费大量的时间和精力，它可以解决一些简单的发明问题，从十几、二十几个方案中找到正确的解决方案。但是对于存在数千数万个解决方案的复杂问题，依靠试错法解决它们要耗费极长的时间，浪费大量人力、财力，效率极其低下。例如，为了筛选出最理想的核反应堆，人们没有足够的时间，也没有足够多的安全地点来逐一地建造进行尝试。因此试错法随着社会发展逐渐淡出了人们的视野。

【延伸阅读】

摸着石头过河

从前，在没有船也没有桥，没有前人经验的情况下，我们只能依靠自己来过河，摸着石头来判断哪里的水深哪里的水浅，不断地进行尝试，逐步地想办法安全过河。

二、头脑风暴法

（一）什么是头脑风暴法

在物理学中，如果将两根通电的导体并列在一起，当它们的电流方向一致时，周围的磁场强度就会随之增强；当它们的电流方向相反时，周围的磁场强度会随之减弱，这就是磁场叠加效应。

人们在进行思维活动时也有同样的叠加效应。一个人思考问题，难免陷入冥思苦想，但是当许多人共同讨论这一问题，会迸发出火花，引起思维共振，各种想法相互促进，相互反应，形成“互补效应”和“互激效应”。这两种效应使得集体智慧大于个人智慧，创新思维能力得到增强，这就是“智慧场”。头脑风暴法（brain storm）正是根据此原理设计出来的，也被称为智力激励法、诸葛亮会议法等，通常是指一群人围绕一个特定的主题进行发散思维训练，每个人都开动脑筋，畅所欲言、自由讨论、互相启迪，并在短时间内提出大量解决方案的一种方法。

头脑风暴法是最著名，也是极具可操作性的团体创造方法之一，奥斯本是其创始人，相关理论于 1953 年正式发表在《应用想象》一书中。“头脑风暴”一词最早来源于精神病学，指精神病人头脑中的短期精神紊乱现象。奥斯本借用这个概念来比喻自由奔放、无拘无束的思维方式，通过无限制联想和团体讨论激发创新思想如风暴般倾盆而出。奥斯本认为：“一般人以团队的方式思考，产生出的想法是独立思考的两倍。”“一人独思，不如二人同想；二人同想，不如三人会商。”头脑风暴法运用小团体会议的形式，使个体之间、个体与群体之间通过自由讨论产生思想碰撞，从而引爆个人的创新能力（图 1-4）。

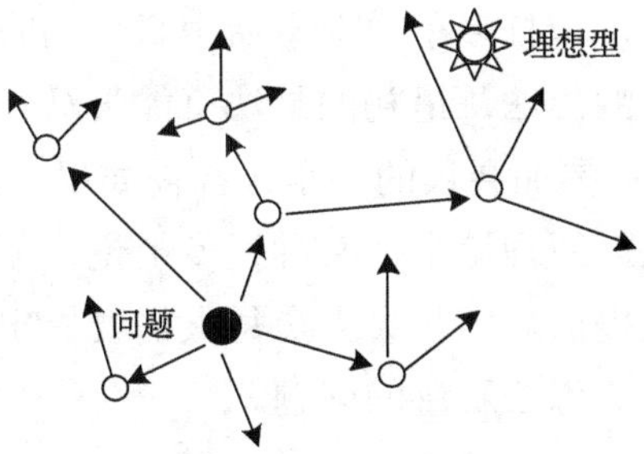

图 1-4　头脑风暴法的解决问题模式

（二）头脑风暴法的原则

为了克服社会压力对个体自由表达思想观点的抑制因素，使思维活动真正起到互激作用，在使用头脑风暴法的过程中，必须遵守以下基本规则。

1. 自由思考原则

头脑风暴中，最重要的就是自由思考，只有允许自由思考才能产生独特思想。与会者只有在轻松活跃的气氛中，才能最大化地运用发散思维、求异思维、逆向思维，从不同角度与不同层次，大胆地想象与联想，不受传统逻辑束缚，不必顾虑是否“离经叛道”，方法是否真实可行，思维越独特越好，越新颖越好，越与众不同越好。与会者要敞开思想，即使是“荒唐”的想法，也可能会让其他参与者迸发出灵感，激发更多的联想和想象。

2. 延迟评判原则

也被称为庭外判决原则，指所有意见和方案的评价必须进入最后阶段，之前，所有人不能提出批评和评价，甚至不发表任何评论。这是为了防止破坏良好的发言氛围，也是为了避免耗费精力，从而影响新创意的出现。过早的评判是创新的克星。在不断产出设想的阶段，必须专心提设想，切忌三心二意。创新设想的提出是一个不断发展的过程，有些想法看似毫无价值，但是如果留出足够的时间使之不断完善，不仅能引发许多有价值的设想，还可能使人们在之后的分析中发现其开始没有发现的价值。

延迟评判包括自谦性的表白、否定式的评论以及肯定式的赞语。例如，为了防止出现一些“自我扼杀性”的语句，不提倡以“我有一个不成熟的想法”等自谦语句作为开头。任何人对别人提出的任何想法都不要进行诸如“这是不可能的”“这是你的个人想法”“这不符合某某定律”的批评，批评和指责会让与会人员产生“自我保护”心理，会阻碍新想法的提出。空洞或夸大其词的赞扬也不利于创新思维的发散，比如“挺好的”“不错的想法”“太棒了”会使其他与会者产生问题已经解决的想法，而不再进行思考。

3. 以量求质原则

“即使是不高明的射手，枪打多了也会有命中目标的时候。”奥斯本认为，头脑风暴会议是为了获得尽可能多的想法，最初的想法可能天马行空，不切实际，但到后期，有实用价值的想法逐渐增多。参加会议的每个人都需要尽可能多地提出想法，至于质量，可以留给会后阶段来评判。创新理论中，某种程度上说，创新想法越多，创意就越多。在会议讨论中，可以合理地提前规定与会人员每人需要提出的想法数量，这样可以让大家思维保持活跃，不会再考虑想法质量的问题。

4. 综合改善原则

奥斯本曾经说过："最有意思的集成大概就是设想的集成。"与会人员在聆听他人想法的过程中，也是一个不断修正、完善自我想法的过程。每个人提出的想法虽然不一定可行，但往往会整理出一条解题思路，其他人就可以在此基础上进行组合、完善，取长补短，从而产生新的更好的想法。创新往往是一个综合的过程，将自己大脑中已存在的设想、新获得的外来信息以及他人的想法进行综合，形成新的思路。

（三）头脑风暴法的实施步骤

头脑风暴法的实施步骤一般包括以下六个阶段。

1. 准备阶段

1）选择主持人

要选择的主持人必须熟悉头脑风暴法的实施过程，要对整个会议过程进行适度的控制和协调。主持人要能充分掌控会议，使参会人员严格遵循头脑风暴法的基本原则，并能适时地启发大家思路，能使所有人随意发言，并使会议始终保持轻松的气氛。

2）确定研究主题

讨论的主题应该单一，不能同时有两个以上的问题，同时主题应该尽可能地具体，使每位参会者能够易于理解和发表想法，最好是实际生活中有待解决的问题。搞清问题的本质，设定清楚的会议目标。

3）确定其他参会人员

除主持人以外，头脑风暴法参与人员人数不能过少，也不能过多，应以5～10人为宜。参与头脑风暴法会议的人员应具有不同的学科背景，背景不同、专业不同，就有可能从不同的思路提出千差万别的观点，有利于达成最终的目标。参会人员要有一定头脑风暴理论或实践基础，思维活跃，有较强联想能力，以便取得良好的会议效果。由主持人或指定人员承担记录工作。

4）确定会议时间、地点

将会议的时间、地点、准备好的会议主题相关资料、会议程序和注意事项，在召开头脑风暴会议前几天发给参会人员，使参加者搜集相关资料并做好准备，按正确的方向思考问题。

2. 热身阶段

热身阶段，主持人可以选择一些轻松随意的话题，制造一种宽松、自由的气氛。例如可以播放音乐、发放糖果、玩游戏等。在进入主题之前，主持人还要向参会人员介绍基本规则，明确最终目标，并对参会人员接下来的参与进行适当鼓励。

3. 明确问题阶段

主持人要简明扼要地宣布即将讨论的主题，并让参会人员围绕要解决的问题进行简单讨论，以得出对问题一致的理解。主题的说明不必过于详细，点出问题的实质即可，否则会让参会人员因接收过多的信息而导致思维受限。在讨论过程中，主持人要重复问题，并对问题进行分解，启发思路，为提出设想做好准备。

4. 自由发言阶段

自由发言是头脑风暴法最重要的步骤，在这一阶段，参会人员想要发言的可先行举手，由主持人指名后开始发表。发言者要能突破思维定式，克服心理障碍，通过联想和想象提出创新设想。发言者可以按照准备好的内容进行发言，也可以提出受他人想法启发得出的思路。

为了活跃会议气氛，使大家可以畅所欲言，可以要求参会者遵循以下规定：第一，每个人至少准备三个设想；第二，为防止分散精力，不允许私下交谈；第三，发言应该简洁明了，不能重复；第四，不能评论别人的发言，尊重他人的想法。

主持人要能够对整个头脑风暴会议的过程进行把控，在参会人员提出设想的时候，善于运用激发创意的语言，充分调动会议的气氛。主持人不能随便发表意见，只能起到指引方向的作用，如“让我们改变一下方向，考虑下一轮干些什么”。另外，主持人要掌握好会议时间，避免针对某一设想展开讨论或辩论。

在头脑风暴进行到山穷水尽时，主持人必须要让会议讨论继续持续一段时间，务必让每个人使出全力，将思维发散到极致，因为很多奇思妙想往往是在巨大的压力下迸发出来的。

创意的产生和记录应同时进行。参会人员畅所欲言的过程中，记录人员要尽量完整地还原所有细节，可以由主持人在黑板上直接记录，并以序号标注以免混乱，也可指派记录人员从旁记录，并放在全体参与者都能看到的地方。必要时也可采取录音的方式，便于后期加工整理及组织归纳。

5. 加工整理阶段

对于会议过程中搜集的想法和观点要进行系统化的处理，总结出关键词，并用专业术语进行描述，对于类似的、重复的想法进行整理和综合，并对评价标准进行统一。在此基础上，可进一步了解参会者会后的新想法，以此来增加和补充设想，随着数量的增加，设想会逐渐变得更具有实用价值。

6. 形成最佳方案

根据统一的评价指标，对方案进行筛选。筛选出来的少数方案要进行进一步的完善和推敲，通过分析比较选出最佳方案，或者通过将几个方案的优点进行适当组合，形成最佳方案。

三、六顶思考帽法

高效率和低效率团队之间的差异不仅仅取决于他们的集体智力水平，还在于他们能否善于运用横向思维共同思考。

（一）什么是六顶思考帽法

传说有几个盲人摸一只大象，摸到腿的人说大象像一根柱子，摸到身躯的人说大象像一堵墙，摸到尾巴的人说大象像一条蛇，大家各执己见，争论不休。

通常，很多人会从分析、批判、逻辑的角度来思考问题，而很少会从情感、直觉、创意的角度来看待世界。结果，他们的论点并没有发挥想象力，他们低估了变革的阻力，或者没有制定应急计划。横向思维是一种推理方法，它提供了一种新视角来研究问题——从侧面而不是从正面对问题进行思考，这种方法可以促进变革和创新。六顶思考帽法来源于横向思维，由英国学者爱德华·德·波诺于 1985 年提出，旨在为团队提供一种全面思考问题的分析工具。在六顶思考帽法中，对立的面将被区分后进行思考，每顶帽子有着规定的思考方式，戴上一顶帽子就按要求的思考方式进行思考。

在多数团队中，团队成员被迫按照既定的思维模式进行思考，限制了个人和团队的配合程度，使很多问题无法解决。六顶思考帽法作为一种简单易懂、过程清晰、实施快捷、效果显著的思维方法，可以有效地使人们根据不同思考帽的要求使用不同的思维模式，群策群力，得出最佳结果。六顶思考帽法以六种颜色代表六个不同的思考方式。德·波诺认为可以将这六顶帽子成对进行考虑，每顶帽子都有它的相反面，构成三组类别，从图形上看，这三组类别可描述为放射性模型（图 1-5）。通常我们可以使用六顶思考帽法来解决较为困难的问题，对于这六顶帽子的排列顺序没有特定的要求，主要取决于解决问题的目的和类型。

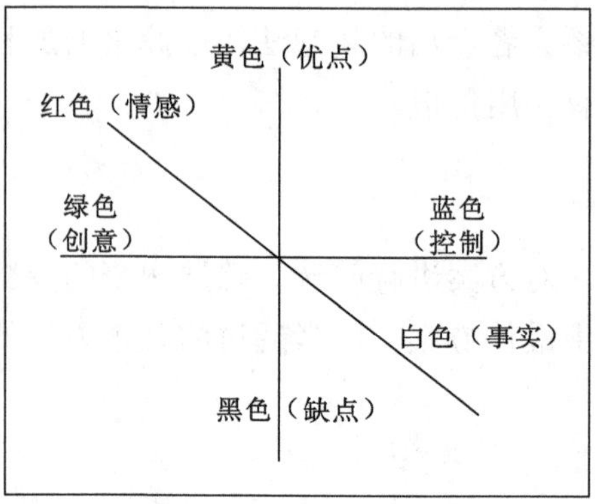

图 1-5　六种颜色放射性模型

（二）六项思考帽法的使用规则与注意事项

通常情况下，我们既可以单独使用某项思考帽，也可以使用不同的思考帽来考察和解决一个问题，使用中还有一些特别的技巧。

1. 使用规则

一般情况下，我们都是以蓝色思考帽作为主持人进行思考，针对不同的问题预先设定好使用顺序，在开会过程中不断推进。

- 从蓝帽开始，到蓝帽结束。中间根据具体的情况对其他颜色帽子使用顺序做轻微调整。
- 根据需要，任何一项思考帽都可以反复使用。
- 小组成员必须遵循某一时刻制定的某一顶帽子进行思考，不可私自随意打乱顺序或改变帽子颜色。
- 并不需要用完所有帽子，根据设定需要，主持人可只对其中两顶、三顶或四顶帽子进行自由组合。
- 思考帽可以连续使用。

2. 注意事项

序列设定：根据问题不同，设定不同的帽子顺序，对于不同的问题采取不同的方法。尽管可以将思考帽组成任意数量和不同的顺序，但是某些序列比其他序列运用起来更有效。例如，首先展示黄色帽子，可以为创新奠定基础；先展示绿色帽子再展示红色帽子，可以优先考虑关键的部分并丢弃其他不重要的部分。

何时使用：在讨论问题过于发散的时候；在争执不休，无法统一意见的时候；在讨论者不在同一个频道进行讨论的时候。

持续时长：10～50 分钟，主持人要注意把控时长，充分高效地运用此方法。

（三）六顶思考帽颜色的含义

请用不同颜色的帽子进行思考：“你认为网上课程可以取代面对面教学吗？”

1. 白色思考帽

白色代表客观事实，是冷静的、纯粹的，主要表现为数据和信息的收集，没有任何隐含的判断。白色思考帽（图 1-6）使参与者中立而客观地关注事实与规则，并且不带入感情与态度。通常，白色思考帽会在最初进行问题评估的时候使用，当我们进行第一阶段的分析时，我们会首先对已存在系统内的真实情况进行描述，同时白色思考帽也可以帮助我们了解某个系统、某个问题在客观世界中处于生命周期的哪个阶段。

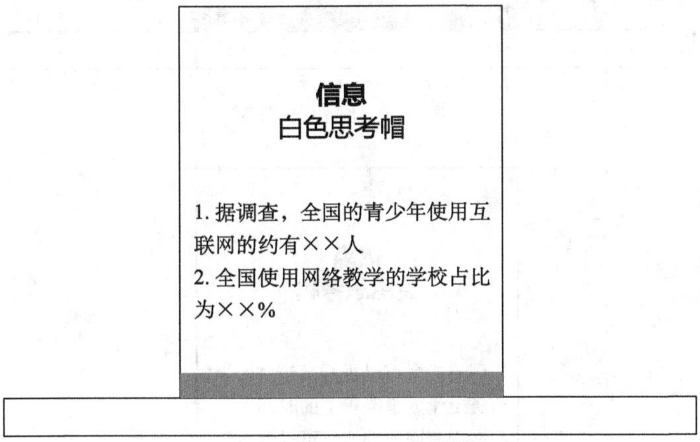

图 1-6　白色思考帽

2. 红色思考帽

与白色思考帽相反，红色思考帽象征的是情感、情绪，使人想到热情、自信、生气、发怒等情感。红色思考帽（图 1-7）使人们表达情绪、感受和直觉。因此，红色思考帽可以同时表达积极和消极情感。用红色帽子表达的情绪和情感是强烈而真实的，它允许思考者表达“我感觉这件事是这样的”，并且不需要对情绪和感觉加以证明和解释。在所有帽子中，红色思考帽应用的时间最短，表达出直观感受即可。

3. 黄色思考帽

黄色代表丰收、希望、肯定、有信心。当我们想要对一个潜在的解决方案进行可行性和价值性检验，或者是对某个特定事件的优点进行有逻辑的评估，就可以戴上黄色思考帽。黄色思考帽（图 1-8）象征的是逻辑、希望、正面建设性意见。从态度上讲，黄色思考帽和黑色思考帽是相反的。黄色思考帽和黑色思考帽都要求事情要符合逻辑，在对事物进行评价的同时，必须给出足够的理由来支持。黄色思考帽只需要找到有价值的优点即可，不需要全盘进行考虑后得出的结论。

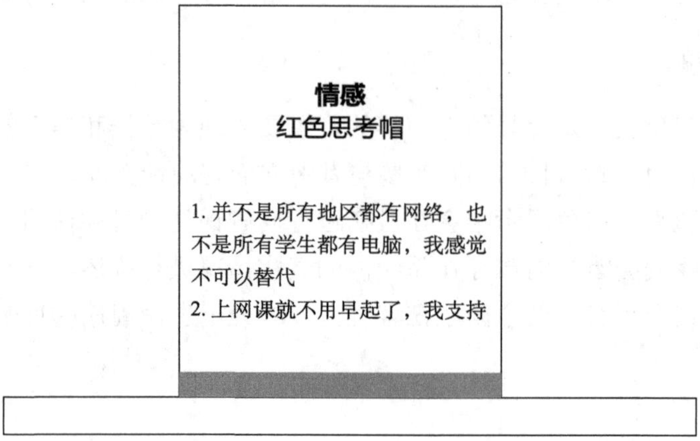

图 1-7　红色思考帽

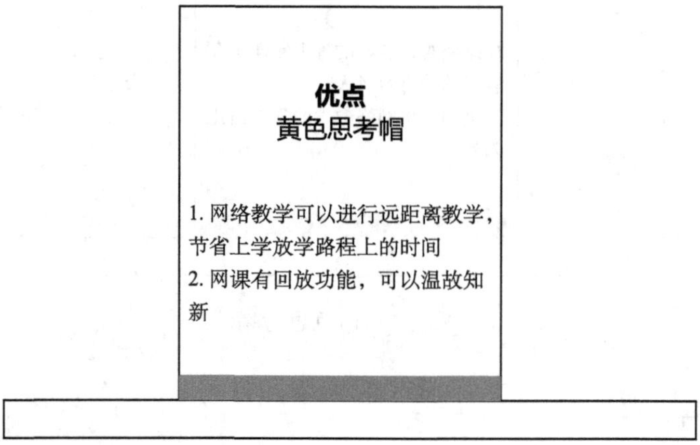

图 1-8　黄色思考帽

4. 黑色思考帽

黑色代表沉稳、谨慎和危机感，通常会从否定的方面看问题。黑色思考帽（图 1-9）象征着“魔鬼”，表示消极的思想，参与者更加关注缺陷或者不足，并及时提出不能有效实行的原因，以防患于未然。黑色思考帽与红色思考帽不同，因为黑色思考帽思维提出的想法需要符合逻辑，而不仅仅是情感，在发现缺点的时候，也要指出什么东西是不正确的，如何与我们的经验相违背。黑色思考帽还经常用来进行可行性、适用性、逻辑性分析和提出事物的缺点。例如，这个方法会起作用吗？这个想法合情合理吗？等等。通常，黄色思考帽应放在黑色思考帽之前使用。

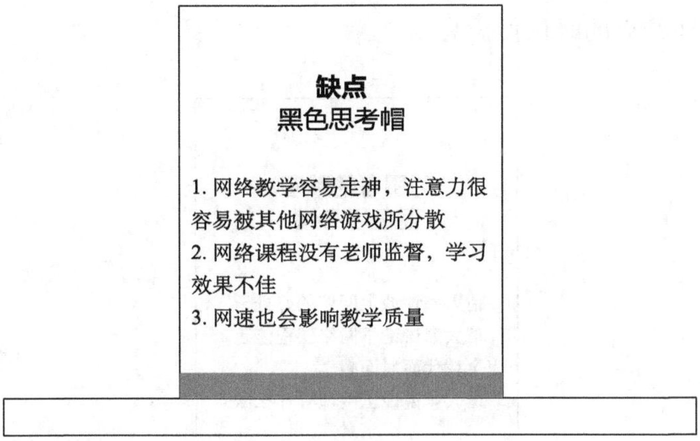

图 1-9　黑色思考帽

5. 绿色思考帽

绿色代表生命力，表示自由、安全及有活力。当我们戴上绿色思考帽（图 1-10）时，表示我们正在寻找新想法、新创意，它可以是天马行空的想象等。绿色思考帽会使参与者随意自由地思考，以提出更多的建设性意见，用一种创想抛砖引玉，激发另一种创想，随时欢迎梦想、遐想甚至妄想。

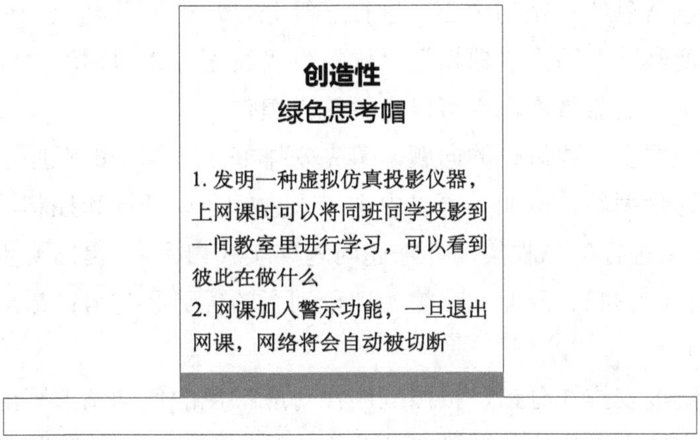

图 1-10　绿色思考帽

6. 蓝色思考帽

蓝色是天空的颜色，代表着冷静、诚实、坚定、智慧。蓝色思考帽（图 1-11）表示超越思考的过程，是对思考的思考，是对思维过程的控制和调节，可以指挥别人该戴哪一顶帽子。蓝帽思路可以引导整个决策活动，并要求其他帽子发言，打开新的方向。一般而言，会议的主持人会发挥蓝色思考帽的功能，维持秩序，除此之外，蓝帽还需要及时打断争论，并在结束的时候做出总结。

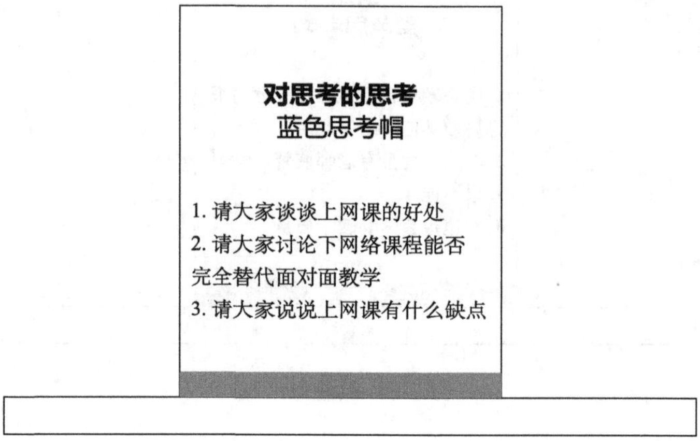

图 1-11　蓝色思考帽

（四）六顶思考帽法的实施步骤

（1）准备好一张白纸、6 种颜色的便利贴、黑色记号笔。

（2）将要讨论的问题写到蓝色便利贴上，并贴到白纸的中心位置。

（3）将白纸以蓝色便利贴为中心，进行五等分，每一部分贴上一个不同颜色的便利贴，并在相应的便利贴上写上“白帽”“绿帽”“黄帽”“黑帽”“红帽”。

（4）可以指定一名监督者，也可以由主持人担任。

（5）主持人根据会议要讨论的问题，事先安排好 5 顶帽子的顺序，也可以在会议进行的过程中进行迭代循环。例如，可以由主持人进行会议开场和控制，发表讨论的主题思想（蓝帽）；组员进行信息收集，并陈述问题事实（白帽）；提出初步方案的创意（绿帽）；然后从正面（黄帽）、反面（黑帽）评价创意的优势和劣势；最后从直觉检查创意的可行性（红帽）。

（6）每一个维度安排 5 分钟，按照顺序在对应颜色的便利贴上写出 5 条，每张便利贴写 1 条，然后主持人引导成员贴到白纸的相应维度，有相同的就放弃。

（7）逐一对 5 个维度的结果进行讨论，做建设性的评价，并运用相应的思考帽对方案进行改进，并进行总结。

六顶思考帽法实施步骤见图 1-12。

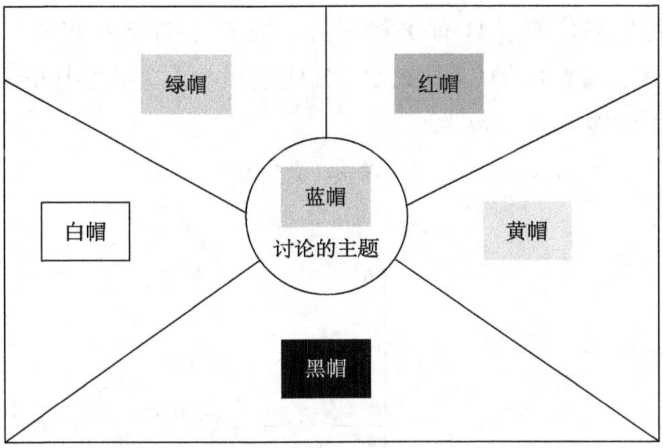

图 1-12　六顶思考帽法实施步骤

四、形态分析法

日本创造学家菊池诚博士说过："我认为搞发明有两条路，第一条是全新的发现，第二条是把已知其原理的事实进行组合。"形态分析法即是根据组合而产生的创新技法。

（一）形态分析法的由来

形态分析法来源于 1942 年第二次世界大战期间，美军中的瑞士科学家弗里兹•茨维基为推理出德军正在研制的火箭，对其主要形态进行各种组合，最终从 576 种组合方案中，通过推理和筛选已有信息，得到了德军的火箭设计的大致方案，这也就是形态分析法的雏形。

（二）形态分析法的含义

形态分析法是一种创新思维方法，通过对对象的形态和要素进行重新组合得到解决方法。对于汽车前照灯来说，要素包括灯的外形、散光玻璃的材质等，即完成特定功能的部件。灯的形态包括外形有方形、圆形，材质有树脂、玻璃等，即具体的实现方法。形态分析法具体的含义是：借助形态学的概念和原理，先进行要素分析，然后再对构成要素的不同属性进行形态分析，并列出全部形态，最后，通过将结果进行组合，形成不同的方案。

如果用坐标轴进行排列组合，那么每个要素就构成一个坐标轴，如果有 N 个要素，就可以构成 N 个坐标轴。每个要素都可能有多种形态，尽可能全地均列在对应的要素坐标轴上，每种形态占据一个坐标点。从每个要素坐标轴上任取一个形态坐标点进行组合，就是一个方案。所有的方案都全面有序地显示在各要素形态排列组合的立体交叉图上。在这里，我们简单地用某个事物 M 的三种要素 A、B、C 进行形态分析，如图 1-13 所示，假设要素 A 有 X 种形态，要素 B 有 Y 种形态，要素 C 有 Z 种形态，从 A 轴、B 轴、C 轴分别取一个坐标点，组合成的(A_x, B_y, C_z)就代表一个方案，其中 $0<x<X$，$0<y<Y$，$0<z<Z$，那么，这个事物 M 可能的方案数为

$$n_M = XYZ$$

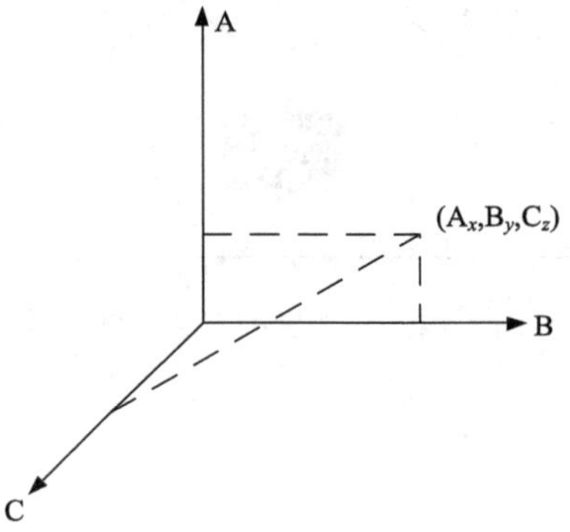

图 1-13　形态分析立体交叉图

弗里兹·茨维基提出火箭方案时，先将火箭分解为推动系统的媒介、推动系统的机械特征、增强推力的方法、推进剂的物理状态、推进动力装置的运行方式、推进剂的状态或反应速度六个要素。进行形态分析后，找出所有排列组合，共得到 4×4×3×3×2×2=576 种火箭方案，如表 1-1 所示。再经过合理的分析和推理，推导出了德军正在采用的方案。

表 1-1　茨维基对火箭设计方案的形态分析

推动系统的媒介	推动系统的机械特征	增强推力的方法	推进剂的物理状态	推进动力装置的运行方式	推进剂的状态或反应速度
真空	静止	无	气体	持续	自燃
大气	平移	内藏	液体	断续	人工点燃
水	旋转	外装	固体		
粒子流	振动				

（三）形态分析法的特点

巧妙地组合就是创新。应用形态分析法解决问题，一方面能够有效地穷尽所有的解决方案；另一方面也避免了先入为主的看法，启发我们通过增加新元素形成新的解决方案。形态分析法具有全解性、形式化和实用性的特点。

1. 全解性

形态分析法的核心是组合。将每一个事物分解成不能再分解的要素，重新组合后就

能产生新方法，有时可能会显得烦琐和漫无边际。然而我们在解决问题时，要的并不仅仅是方案的数量，更重要的是方案的可行性和质量。因此，如何从无数的方案中筛选出最适合的结果，是我们需要考虑的。

2. 形式化

形态分析法是一种对问题进行系统分析的思维方式，注重形式化，它要求使用者掌握与研究问题相关的专业知识和经验。形态分析法既可以由精通专业知识的个人进行使用，也可以由2～3名成员组成的小组进行运用。需要注意的是，形态分析法对于使用者的专业知识、技能和经验有一定的要求，并不是通过增加数量就可以弥补的。

3. 实用性

形态分析法不仅可以用于创新，也适用于管理决策和科学研究等方面。采用表格形式，使得方案的展示更加直观，因而成为创新活动中最为常用的方法之一。

（四）形态分析法的实施步骤

形态分析法的操作程序通常分为五个步骤，下面我们将结合一个简单的问题来逐步介绍。

1. 确定研究对象

确定研究对象就是要明确需要解决的问题以及研究的目标，如设计一款公园小游船。

2. 要素分析

确定研究对象的基本要素。筛选并确定出相对独立的基本要素，且尽可能选取与最终目标关联性大的要素。如果确定的是不重要的或者有相交部分的要素，就会导致数量增加，进而影响最终组合的方案质量和后续的评选工作。一般选取3～7个要素比较适宜，如果要素不够全面，则很可能会遗漏有价值的创意。比如设计小游船，我们主要针对的是小游船的功能和结构，因此没必要把生产方式纳入分析维度。如表1-2所示，经过分析，小游船可分解为外形、动力、材料三大要素。

表1-2　小游船的要素分析

要素	形态分析
要素一	外形
要素二	动力
要素三	材料

3. 形态分析

形态分析就是寻找每个基本要素的解决方案，分别列出各要素全部可能的形态。这一步的分析需要使用者有很好的专业知识和丰富的经验，对本行业和其他行业的技术手段充分了解与掌握。这一步常采用表格形式，这样便于清晰地列出所有形态。如表 1-3 所示，小游船的外形有 7 种，小游船的动力有 5 种，小游船的材料有 7 种。

表 1-3　公园小游船的形态分析

外形	动力	材料
鸳鸯、天鹅、小黄鸭、龙、鱼、荷花、画舫	划桨、脚踏螺旋桨、电动螺旋桨、喷水、明轮	玻璃钢、木头、水泥、塑料、钢铁、橡胶、铝合金

4. 形态组合

分别组合各因素的不同形态，共可得到 7×5×7=245 种方案。

5. 评价与筛选

采用新颖性、价值性和实用性对产生的方案进行初选。上面我们已经组合出了 245 种设计方案，其中有一部分太常见、耗损大、不太可行的方案，我们需要将其排除，保留可行的方案。在剩余的可行方案中，再进行评价与决策，最终定出最为理想的方案。

五、奥斯本检核表法

（一）什么是奥斯本检核表法

在日常生活中，我们考虑某一个问题时，一般会根据要点制成表格，并对每一个项目逐一检查，以免遗漏。例如，使用超市购物清单防止在购物时遗漏物品。这就是我们日常生活中使用的“检核表法”。奥斯本检核表法（checklist method）是以发明者美国创造学家奥斯本的名字命名的，它将问题逐项列出，并形成一张检核表格，然后逐个对问题或创新对象进行讨论、分析，从而发掘出创新设想或新的解决问题的方案。任何类型和任何场合的创新活动都可以使用奥斯本检核表法，它不但可以防止考虑不周的遗漏，还能突破旧思维框架，一旦制作完成就可以反复使用，后来许多方法都源于这张表，TRIZ 理论中的九屏幕法等都来源于这类方法，正是如此，检核表法还被称为“创新技法之母”。奥斯本检核表法从九个不同问题出发，列出提纲式的表格，然后逐条进行检查与讨论，这就使人们可以选择九个角度都进行思考，也可以只选择一个进行尝试，从而获得发明创造。

（二）奥斯本检核表法的内容

1. 能否他用

对于现有的事物或发明，人们只要持有怀疑或思考的态度，就有可能产生新的创意。如拉链的发明，正是对长筒靴铁钩式纽扣的改进所付诸的实践。即使是一些看起来是废物的东西，只要扩散思维，积极思考，也可能“变废为宝”。如炼焦炉烟囱里的黑烟可以利用回收技术提取相关物质来制作化学药品，利用此方法最终产生了5000多种新产品。

2. 能否借用

能模仿、借鉴别的经验、方法、原理等进行创造性的综合吗？这似乎有赞同剽窃或伪造之嫌，其实不然。无论是在思维中进行类似的联想，或是从现有事物中得到启迪都是合情合理的。爱迪生曾说过：“要养成注意那些已为他人成功运用的新想法的习惯。你自己的设想需要的是独到之处，这样才能适应你所要解决的问题。”例如，用X射线治疗疾病、观察人体内部情况；狄塞尔受打火机启迪发明了内燃机；古德伊尔将面包加了发酵剂会变得多孔而松软这一原理用于橡胶生产，进而发明了海绵橡胶。

3. 能否改变

能对现有事物做出改变吗？能否改变原有的程序、因果关系、部件、目标、位置、颜色、声音、味道、式样、花色、品种、规格？改变后效果如何？当我们研制一种产品时，根据上面的提示思考，就会想象出很多有价值的构想，产生意想不到的发明创造。例如，美国沃特曼在钢笔笔尖上开了小沟和小孔，使书写更加流畅；派克将棒性笔杆改为流线形，又将笔帽由旋钮式改为插入式，使派克笔畅销全球。

4. 能否扩大

现有事物能否增加一种额外用途？增加组成部分的数量？能否添加零部件、拉长时间、增加长度、厚度、强度、频率、速度、数量、价值？巧妙使用“加法”或“乘法”等方法，能拓宽搜索领域，获得更多的构思设想。例如在两层透明的导电玻璃中间加入一些材料，制成可降低光线的“调光玻璃”，就可以不用窗帘或百叶窗；在牙膏中加入某种药物，使其成为防蛀牙、防口臭的牙膏等。

5. 能否缩小

对现有某些产品或工序，在不减少功能的基础上，能否进行缩小、减轻、压缩、变短、分割、变薄？借助于“减法”或“除法”的提问技巧，也会给人们指出一条通往创新的道路。从钟表到怀表再到手表，可以算是这一思路具有代表性的创新。又比如笔记本电脑、折叠伞、折叠床就是微缩后的产物。减少或取消一些组件同样也会产生新的构思，例如斯蒂文森通过去掉火车车轮与铁轨之间的齿轮提高了火车的速度。

6. 能否替代

现有事物能否用其他材料、元件、配方等替代？寻找替代物是构思新设想中一种卓有成效的方法，很多有价值的设想都是在研究替代物中产生的。例如将瓶盖里的橡胶垫片替换为低发泡塑料垫片，可以节约大量的橡胶；用太阳能、风能代替石油、煤炭等进行发电。替换还能够用微不足道的东西替代某种物质。例如朗缪尔博士经过对灯泡进行研究，确认氩气最适合替代真空，最后获得了比真空钨丝灯泡亮两倍的充氩灯泡。

7. 能否调整

现有的事物能否调整？调整后的效果如何？比如变换一下顺序、位置、速度等。奥斯本指出，重新安排可以产生无数新想法。根据无穷的想象力随意摆弄积木；重新布置房间里的家具；重新安排商店柜台物品的陈列；重新调整冰箱冷藏室冷冻室的位置；田忌赛马的故事；等等。只要调整得当，就会产生创新。

8. 能否颠倒

现有的思维能否从反向进行思考？能否进行里外、上下、前后、左右等角度颠倒使用？能否改变其过程顺序?事物总有正反两个方面，对比往往能启发人们的思路，萌发出创造力。司马光砸缸救人是运用了逆向思维的方法；美国人伊莱亚斯・豪在发明缝纫机针时，一反普通针的思路，将穿线孔开在针尖上，而不是开在针尾。这种“颠倒”的设想同样适用于人际关系中，例如换位思考，这对改善人际关系也是大有裨益的。

9. 能否组合

现有事物能否在部件、功能、目的等方面进行组合？绝大部分的想象都是通过组合获得的，综合通常被认为是创造力的动力源泉。那么，我们能将什么东西进行组合以增加其用途？例如，X 射线与计算机组合在一起就是 CT 机。无论从使用价值还是从审美要求看，创新组合都是人们对商品的普遍要求，组合是创新、创造的源泉。

（三）奥斯本检核表法的实施步骤与注意事项

1. 实施步骤

（1）确定一个要改进的产品、方案或问题；
（2）收集与产品、方案或问题相关的各种资料和信息；
（3）参照表中列出的问题，找到解决问题的一般思路和步骤；

（4）从不同的角度提出一系列的设想；

（5）列出相关的检核表；

（6）根据检核表，进行筛选，进一步思考和完善。

2. 注意事项

使用者应具备一定的专业知识、经验、技能，掌握知识和经验的程度会影响到检核表法使用的最终效果。

逐条进行核检，不要有遗漏，尽量多检查几遍，或许会更准确地选出需要创新的方面。

检核表法仅仅为人们提供了解决问题的一般思路，最终思路的发散和扩展还要依赖人们的具体思考，因此要尽可能地发挥想象力和联想力，产生更多的创新设想。

要灵活使用检核表法，根据创新活动的主要目的、不同的创新产品或方案的具体特点来设计检核表法的问题和思路。

根据实际需要确定核检方式，可以一人核检，也可以2～10个人核检。

奥斯本列出的九项核检内容可以进行顺序调整。

除了奥斯本列出的九个方面的问题，也可以自行设计问题，提出的问题越新颖，得到的想法就越有新意。

（四）奥斯本检核表法的应用案例

运用奥斯本检核表法，我们来看一下超市购物车的改进方法，见表1-4。

表1-4　超市购物车改进的检核表

序号	检核项目	创新设想	初选方案
1	能否他用	当玩具、当烧烤架、买菜用、做装饰、当拐杖、当椅子坐、当车开、当滑板、当轮椅、当沙发、当床、当垃圾桶	当车开
2	能否借用	音乐推车、投币推车、咖啡杯推车、可结账推车	可结账推车
3	能否改变	衣架式多隔层推车、抽屉式推车	衣架式多隔层推车
4	能否扩大	双层推车、多层购物车、平板式推车	多层购物车
5	能否缩小	可折叠推车、可拆卸推车	可拆卸推车
6	能否替代	塑料推车、硬卡纸推车、木头推车、布艺推车、不锈钢推车	不锈钢推车
7	能否调整	挂钩式推车、拉杆式推车、自动推车、脚踏式推车	自动推车
8	能否颠倒	骑行推车（篮子在自行车车头前还是后）	骑行推车
9	能否组合	与收纳盒组合、与折叠自行车结合、与GPS组合、与玩具车结合	与折叠自行车结合

第三节　发明问题解决理论

一、传统创新技法的弊端

长久以来，人们在进行发明创造的过程中主要使用的是上文介绍的一些传统的创新方法，这些创新方法也促进了科技进步，但是，这些方法的缺点也非常明显。

（一）试错法的缺点

千百年来，人们一直使用试错法来寻求解决发明问题的方法，在一次又一次使用完所有的常规方法后，才会去考虑换一种解决问题的方法。这个过程是相当漫长的，也许碰巧走对了路子能尝试几次就解决问题，但取得这种结果的概率是非常小的。尤其是对于那些较高级别的复杂的问题，有可能会因为条件的限制，致使这种试错无法继续进行，只能筋疲力尽被迫中止。试错法并不探讨为什么，是一种“只知其表不知其里”的方法。就如同“摸着石头过河”，并没有去研究为什么一些地方水深，一些地方水浅，只要能过河就可以了。爱迪生尝试了很多材料，最终发现了钨是最适合的材料，但是他并没有考虑这种材料是否可以满足更多的功用，因为他的目标很明确，只要一个一个去尝试就可以。尼古拉•特斯拉（Nicola Tesla）是爱迪生的助手，曾这样评价他：“在极端情况下，他的方法效率非常低下，因为其实只需要很少的理论和计算就能为他节省 90%的劳动。”他因此猜测爱迪生可能并不精通数学运算。试错法的创新过程没有方向性，行为较为盲目，它依赖于个人的经验和知识领域，为此可能会耗费大量的人力、物力、财力，且不一定会有结果。由此可见，使用试错法效率低、周期长、代价大，难以获得最优的目标解。

（二）头脑风暴法的缺点

头脑风暴法是在试错法的基础上进行了一定的改进，帮助克服了思维惯性，但头脑风暴法常常无法集中思维，效率仍然不高。尤其对于复杂的问题，它不能够快速解决问题。头脑风暴法对参与人员的人数、知识层次和专业水平都有较高要求，如果在一个小组中混入一些知识水平不高、具有明显差距的人，得到的方案就不一定可信，可能就会滥竽充数，影响整体的创造力。由于头脑风暴法是一种集体决策的创新方法，在会议讨论过程中，非常容易受到地位较高或权威人士的影响，形成“群体思维”，影响决策的力量。同时，头脑风暴法对于组织者也有较高的要求，组织者的判断力、协调力和决策力对于掌控队伍有着重要的影响，协调力较弱的组织者就可能导致小组队伍成员思维过于发散，经常跑题，不知所云。对于一些亟待解决的紧急事情，运用头脑风暴法这种集体创意的方法可能会花费更多的时间，因此存在一定不足。

（三）六顶思考帽法的缺点

由于头脑风暴法经常会发生争执，浪费时间，不聚焦，各自不在同一频道上，为了解决此类问题，就有了“六顶思考帽法”。六顶思考帽法在避免对抗性思维和全面认识事物方面具有优势，但主要适用于解决问题的方案，不太适合澄清事实和辨明是非，难以得出一致的结论。该方法可以帮助我们进行思考，但是对于如何整合不同观点没有具体的方案，对于任何一个具体问题，可能不能简单地用六顶思考帽法来解决，还需要用到解决问题的整体流程工具。

（四）形态分析法的缺点

我们在使用形态分析法分析发明问题时，如果问题复杂，导致形态过多，那么筛选的工作量将非常大，使用起来非常不便。例如，一个系统如果有 100 个要素，而每个要素又有 100 个不同的形态，那么组合的数目就会达到 10000。如果我们不借助计算机，而是纯手工进行形态分析，那么很显然将耗费大量时间和精力，极其不方便。因此，如何选取与目标相关性大的要素是使用形态分析法的难点也是重点。如果一个设计问题仅存在一个方面的概念特性，或者问题描述方法具有唯一性，或者开发的项目规模很小等，这些情况都不宜采用形态分析法。

（五）奥斯本检核表法的缺点

奥斯本检核表法起到的是简单的引导作用。如果我们只是简单地记住这种检核表法的九个问题，那是毫无意义的。它的价值在于学习如何将其应用到创造实践中去。奥斯本检核表法中的每个问题都侧重于特定的思维角度，并强调特定的思维方向，最终的结果往往是综合运用多种方法或连续使用几种方法。因此，检核表法过分依赖于知识和经验，没有知识和生活经验，检核表法是苍白无力的。另外，检核表法强调运用非逻辑思维，在使用的过程中实际效果是不稳定的，培训难度高，不利于大范围推广。

二、发明问题解决理论的优点

在日常生活和工作中，面对同样的问题，一些人可能觉得易如反掌，另一些人却觉得难如登天，这是由于每个人知识、经验和技能各不相同。人们创造能力和创新能力并不是天生的或依靠灵感产生的，而是可以在后天借助某些理论或方法来培养和锻炼出来的。传统的创新方法更多注重心理层面，而无法真正地解决问题。发明问题解决理论（TRIZ）的出现，彻底改变了创新理论与方法。与传统技法不同，该方法具有很多优点。

（一）总结创新的规律，提高发明效率

创新并不像我们平时认为的那样，像火花一样随机地闪现，而是具有一定的规律。由于发明问题解决理论是一种基于全世界范围内的部分专利抽取出的知识的理论和方法，这些来源于专利技术成果的知识具有很强的实用性和实践性。除此之外，它还采用了基于产品进化趋势的客观启发式方法以及自然科学及工程中的效应知识。因此，发明问题解决理论在创新活动中具有非常明确的针对性和有效性。基于以上原因，从总体上来看，发明问题解决理论首先是快速找到问题的本质或者事物存在的矛盾，然后选择运用原理、方法和原则等，按照理论流程提供更好的解决方案。这样就把一个复杂不确定的解题过程转化为一个精确科学的解题过程，使得发明有规律可循。

（二）克服思维障碍，打破知识界限

发明问题解决理论是一种分析式的思维方法，当人们掌握和了解创新活动应满足的一般规律和基本模式时，在生活中的各方各面都能找到创新的方法。发明问题解决理论提供的不仅限于方法，还包括思维模式，即能够帮助我们形成一种系统的、易于处理的创新设计问题的思考方式。人们的思维定式和思维惯性统称为思维障碍，在创造性解决问题的思考过程中，它会严重阻碍创新的过程。思维惯性是一种人们受限于习惯和经验思考问题的现象；思维定式是一种对自己身体过程、情绪过程以及外部事件的固化认识，当情况改变时，它会妨碍人们采取新的方法解决问题。发明问题解决理论提供了一系列科学方法来系统地、可操作地分析问题，如九屏幕法、尺寸-时间-成本（size-time-cost，STC）算子法、小人法、金鱼法等，借助发明问题解决理论这个工具，创新者在分析问题的过程中更容易突破思维障碍，想象各种可能，准确发现产品设计制造中需要解决的问题，从更广的视角看待问题。另外，发明问题解决理论还能够打破知识界限，提供丰富的专利知识库作为理论支撑。

（三）创新方法具有可推广性和普适性

由于上文介绍的传统创新方法主要应用的是非逻辑思维，在解决发明问题的过程中，效果十分不稳定，最重要的是，这些方法对于使用者的素质要求很高，不利于进行系统培训和深度推广。发明问题解决理论正好不同，它解释了创造发明的内在规律，并自成体系，具有普适性，容易推广。尽管不是每个创新者都精通发明问题解决理论，但我们仍可以利用身边的物品实例来学习发明问题解决理论，建立一种思维，为以后进行真正的发明创造工作做方法和工具的积累。发明问题解决理论中的一些创新方法和规律具有普遍性的特征，因为它们是基于在不同领域已有成果基础上的研究、分析、归纳和总结，因而可以广泛适用。

（四）预测技术未来发展趋势

预测产品的技术发展趋势是一个难题，传统的创新方法对此无能为力。发明问题解决理论总结出了技术系统进化的完备性法则、能量传递法则、协调性法则、提高理想度法则、动态性进化法则、子系统不均衡进化法则、向微观级进化法则、向超系统进化法则，即八大法则。它描述了技术系统进化的趋势，可以预测产品发展趋势，明确发展方向。

三、发明问题解决理论的意义

自 2017 年起，教育部开始积极推进“四新”学科（即新工科、新医科、新农科、新文科）建设。尤其是新工科建设中，学生创新创业能力的培养和发展是重点工作之一。运用 TRIZ 理论，重新融合各种学习创新思路，可为学生创新能力培养与发展提供支持。

2018 年 6 月，新时代全国高等学校本科教育工作会议提出全面提高人才培养能力。坚持“以人为本”，推动“四个回归”。加强新工科建设，加强医学教育、农林教育、文科教育创新发展，持续深化创新创业教育。同年 9 月，习近平总书记在全国教育大会上发表重要讲话，他强调要立足基本国情，遵循教育发展规律，坚持改革创新，全面培养社会主义建设者和接班人。这对 TRIZ 理论在中国的进一步发展提供了有力指导和巨大机遇。将 TRIZ 理论融入人才培养体系，有助于建设创新创业导师团队，稳步提高学生创新创业能力。

2020 年 10 月，党的十九届五中全会通过了《中共中央关于制定国民经济和社会发展第十四个五年规划和二〇三五年远景目标的建议》，标志着“十四五”建设的火炬正式传到了当代大学生手中。这是一次考验，更是每个大学生都需要面对的人生课题。规划和建议指出，每个人，尤其是当代大学生都要争做创新创业的领跑者，以引领新的发展时代。这就要求我们必须更加主动地加强自己创新创业能力的培养，学习和研究 TRIZ 理论可以弥补创新创业实践不足的缺陷。

国家越来越重视对应用型人才的培养，尤其是创新创业能力已经成为重要的考核目标。在学校教学体系，学生实践能力及职业发展培养中合理运用 TRIZ 理论，不仅可以培养学生创新能力，促进学生创业意识的养成，还能推动创新创业教育理念的发展。

（1）以 TRIZ 理论优化高等学校课程体系，完善实验实训建设。运用 TRIZ 理论，在理论课程、实验课程、实训课程、毕业设计等各阶段重新优化组合现有课程建设，保证课程内容的新颖性，全方位培养学生创新思维，力求减少课程作业抄袭、毕业设计相似课题泛滥等现象，真正提高学生独立思考与创新思维能力。

（2）在高等学校学生创新创业能力培养中融入 TRIZ 理论。高等学校应该深度结合 TRIZ 理论，千方百计地为学生创造尽可能多的参与创新创业实践活动的机会，积极与政府及企业建立长期稳定的合作关系，建成创新创业实践基地，指导学生查找问题、分析问题及解决问题，提高能力。高等院校还需要出台政策积极鼓励学生参加如“互联网+”“创青春”等各级各类创新创业大赛，通过大赛深刻了解本校学生创新创业能力的水平，使学生掌握 TRIZ 理论，并打破思维定式，大胆提出创新的设计方案，不断增加作品数量，提高作品质量。

（3）将 TRIZ 理论当作学生职业发展的重要工具。TRIZ 理论来源于各种专利，专利制度是国际通行的技术竞争规则，也是生产力发展的加速器，运用 TRIZ 可以启迪发明创造思路，更好地帮助学生申请专利，在未来的职业竞争中争取主动。TRIZ 同时还拥有一整套完善的等级认证规则，根据级别不同，通过认证后分别可以解决一般性技术问题、企业级难题和行业级难题。对于学生而言，尤其是理工科学生通过 TRIZ 等级认证既可以增强自己的竞争实力，又可以获得相关职业的从业资格，从而获得更好的职业发展。

TRIZ 理论的出现，给高等学校，尤其是理工科为主的高等学校提供了大力发展学生创新创业实践能力的广阔舞台，可以使学生对创新创业活动产生完整而又正确的认识，进而为高等学校创新创业教育打下牢固根基。

问题思考

1. 企业为什么要创新？
2. 创新思维有何作用？
3. 如何培养大学生的创新思维？
4. 请用头脑风暴法思考“智能手机未来的形态变化”。
5. 六顶思考帽法的优点是什么？
6. 运用奥斯本检核表法应注意些什么？
7. 传统创新技法的弊端是什么？
8. 发明问题解决理论有什么优点？
9. 发明问题解决理论可以完全取代传统创新技法吗？

【案例分析】

盒马鲜生的传统超市升级三部曲

中国生鲜产业在 2017 年对全国 4000 多家生鲜电商企业的统计数据显示，仅有 1% 实现盈利，4%收支平衡，95%面临亏损，其中更有 7%的企业处于严重亏损状态。在这种情况下，盒马鲜生的年营业额仍为传统零售企业的 3～5 倍。盒马鲜生作为行业新军，是如何取得如此优秀的数据呢？下面我们一起来看一看。

重构与升级一：重构消费观念

1. 新鲜每一刻：将所有商品做成小包装，每份 300～400 g，按需购买，避免浪费，改变人们“买一次，囤一周”的过度消费观念。

2. 所见即所得：盒马通过提供即时生鲜加工等服务，突破传统生鲜行业的规则限制，刺激客户消费。如客户看到波士顿龙虾立即就想吃到它，盒马可提供现场付费加工服务，满足客户堂吃需求。

3. 一站式购物：盒马提供从低端日常消费品到高端进口定制商品的一站式购物平台，并向客户提供 3R 产品（ready to cook, ready to eat, ready to heat），如微波加热菜、冰醉小龙虾、冰盒蛋糕等，这是一般 B2C 生鲜企业，包括传统菜市场难以企及的。

4. 变吃为娱乐：盒马在店面及平台推出分享、DIY 及美食交流等各种活动，鼓励消费者，尤其是年轻人积极参与，让客户做的每一顿饭都体现其价值，将吃变为娱乐，增强客户黏性。

重构与升级二：重构零售模式

1. 重构商品结构：聚焦客户体验，实现跨界融合，构建“零售、外卖、堂食、加工”于一体的服务模式，打破传统零售售卖方式，强化现场体验，提供给客户崭新的购物方式。

2. 重构店仓结构：开创“前店后仓”模式，不同于传统门店以销售为中心的定式思维，盒马将店面打造为品牌展示中心、加工仓储中心、物流配送中心等。

3. 重构终端配送：自建物流，以“前店后仓”模式，实施零门槛免费配送+3 公里半小时送达+无条件退货等特色服务，全面提升客户体验。

重构与升级三：精准定位目标客户，推广各类提效工具

1. 目标客户定位：盒马鲜生不同于传统超市，将目标瞄准 80 后、90 后年轻群体，他们消费能力强，更关注商品品质，对价格不如中年人敏感，是互联网的原住民，人口基数庞大，奠定了未来的消费潜力。

2. 推广各类提效工具：盒马鼓励客户采用支付宝等电子支付手段进行支付，并可以享受诸多优惠，在推动支付方式改革的同时，充分利用客户数据进行精准营销，开拓增值业务。盒马还拥有一系列提效工具，减少购物时间，优化购物环境，提升客户体验。如在店铺各区域增设收银设备，实现边逛边吃边付款的快速结账方式；如使用电子价签，在准确显示商品最新价格信息的同时，还可以帮助工作人员准确定位货品位置，缩短拣货时间。

（资料来源：http://www.managershare.com/post/324914）

小组讨论

1. 技术产品创新和商业模式创新哪个更重要?
2. 互联网时代电商平台的创新应注意什么?

第二章

TRIZ 理论基础

科学精神最重要的就是创新。

——钱学森

学习要求 了解 TRIZ 的起源与发展

明晰 TRIZ 对于发明创造的意义

掌握 TRIZ 的思维方法及其应用条件及步骤

能够运用 TRIZ 的思维方法对某一产品的发展趋势进行预测

创新是民族进步的灵魂，当今国际竞争日益激烈，而竞争的实质归根到底是人才创新能力的竞争。中华民族正是因为百折不挠的开拓精神和创新精神，才能始终以昂扬的姿态屹立于世界民族之林。创新对一个国家、一个民族来说，是至关重要的大事。但是要如何创新呢？发明和创新有没有什么终南捷径呢？

第一节 TRIZ 的起源与发展

一、什么是 TRIZ

人类的进步离不开发明和创新，但发明和创新的过程却是艰难而漫长的。战国时期人们利用天然磁石制造指南仪器“司南”，到宋代，人们利用人工磁化法制成指南针，指南针的发明经历了漫长的改进过程，不同时期以不同的形式出现。电灯从开始研制到能连续照亮十多个小时，足足用了 30 多年时间，其中的参与者爱迪生更是尝试了包括自己胡须在内的 1600 多种材料。“橡胶硫化技术”也曾经让发明者固特异多年来穷举尝试，最终贫病交加、中毒身亡。这些案例无不印证了在 TRIZ 理论诞生之前发明创造“摸着石头过河”的不确定性，让人感慨发明创造的不易。

这一切在 1946 年因阿奇舒勒的发现出现了转机。以阿奇舒勒为首的专家经过对约 250 万份专利文献的分析研究后发现，一切的技术问题，在解决过程之中都有一定的模式可循。经过多年的收集、分析、比较和归纳以后，阿奇舒勒将进化论思想用于技术领域，建立了今天风靡世界的 TRIZ 理论，即一整套体系化的、实用的发明问题解决理论。

TRIZ，俄文拼写为 теория решения изобрет-ательских задач（ТРИЗ），英文全称是 theory of inventive problem solving，其意为发明问题的解决理论。TRIZ 理论着力于发现和分析系统中存在的矛盾，试图通过解决矛盾而获得最终理想解的方法去揭示创造发明的内在规律和原理，并取得了巨大的成功。这项伟大理论的发明，经过多年的发展，使得发明创造不再是随机的行为，而是成为基于知识、基于技术的发展演化规律去研究整个设计与开发过程，面向人的解决发明问题的系统化方法。

TRIZ 理论能够帮助人们系统地分析问题，快速发现矛盾，发现问题本质，根据技术的进化规则以及规律，定位问题的探索方向，帮助人们突破思维障碍，打破思维定式，以新的视角分析问题，进行逻辑性和非逻辑性的系统思维，使人变得更加“聪明”。与此同时，它也能够迅速缩短人们创造发明的进程，生产出更高质量的创新产品。工业实践表明，运用 TRIZ 不仅可以把新产品的开发效率提高 60%～70%，缩短产品上市时间的 50%左右。同时还能增加 80%～100%的专利数量，并提升专利质量。

【延伸阅读】

TRIZ 的起源

根里奇·阿奇舒勒，被誉为 TRIZ 之父，1926 年 10 月出生于苏联的塔什干，14 岁就凭借其发明的潜水装置获得了自己人生中的第一份专利证书。15 岁时，他造了一艘安装火箭发动机（以碳化物为燃料）的小船。他第一项成熟的发明——一种在没有潜水服的情况下，从被困的潜水艇中逃生的方法完成于 1946 年，这项发明随即被认定为军事机密，阿奇舒勒也因此获得认可并被安排到里海海军专利局任专利评审员。

阿奇舒勒在研究世界各国著名的发明专利过程中，总是考虑这样一个问题：当人们进行发明创造、解决技术难题时，是否有可遵循的科学方法和法则，从而能迅速地实现新的发明创造或解决技术难题呢？答案是肯定的！阿奇舒勒发现任何领域的产品改进、技术的变革、创新和生物系统一样，都存在产生、生长、成熟、衰老、灭亡，是有规律可循的。人们如果掌握了这些规律，就能能动地进行产品设计并能预测产品的未来趋势。阿奇舒勒认为，大量发明所面临的基本问题和矛盾（TRIZ 称之为技术矛盾和物理矛盾）是相同的，同样的技术发明原理和相应的问题解决方案也会一次次被重复应用，虽然被使用的技术领域不同，但也能够说明解决发明问题过程中所运用的科学原理和方法是客观存在的。如果能够将那些已有的知识进行提炼和重组，就能够形成一套系统化的理论，用来指导后来者的发明创造、创新和新产品开发。正是基于这一想法，1946 年，他开始了发明问题解决理论的研究工作。他带领一批研究人员，不惜人力物力，对世界各国数以百万计的专利文献加以搜集、研究、整理、归纳、提炼，印证了自己之前的猜想，即在不同的技术领域，相同的技术进化模式反复出现，相同的发明原理被反复使用，继而成功揭示出了隐藏在专利背后的规律，研究出了消除矛盾的方法，构建了 TRIZ 的理论基础，建立了基于各学科基础知识的发明创造模型。这些模型包括发明原理（inventive principle）、发明问题解决算法（algorithm for inventive problem solving，ARIZ）及标准解（standard technique）等。

TRIZ 在指导后人发明创造时，指导发明人首先将待发明设计的产品抽象成为 TRIZ 标准问题，然后利用 TRIZ 中的工具，如发明原理、标准解等，找出该 TRIZ 问题的普适解或称模拟解（analogous solution），最后设计者再把该解转化为具体发明问题的解。不难看出，TRIZ 的主要优点是它可以使发明问题具有可预见性，并指明解决问题的方向，使人们能够从成千上万个可能的解决方案中快速找出复杂发明问题的最终解法，大大缩短了人们创造发明的进程，提高了发明的成功率，缩短了发明的周期。

（资料来源：http://www.360doc.com/content/20/0206/23/67847902_890187721.shtml）

二、发明与发明等级

阿奇舒勒正是因为经过对 250 万份专利文献的分析研究后发现，一切的技术问题，在解决过程之中都有一定的模式可循，因而构建了 TRIZ 这一整套实用的、体系化的发明问题解决方法。专利技术是 TRIZ 构建的基础，在现代专利制度下，受法律规范保护能够被授予专利权的客体主要是发明。

发明（invention）是人类做出的前所未有的成果，是人类拓展技能与创造人类需要的活动。它通常指人为、人工、人造出客观自然没有的新事物或新方法，是人类在改造自然对象的过程中，凭借智慧、知识、技术首创的自然界和社会前所未有的新产品、新工艺、新流程、新方法等。发明的成果包括有形的物品和无形的方法等，它们在被发明出来之前客观上是不存在的。

我国专利法也明确了专利制度保护的范围。《中华人民共和国专利法》第二条规定：“本法所称的发明创造是指发明、实用新型和外观设计。发明，是指对产品、方法或者其改进所提出的新的技术方案。实用新型，是指对产品的形状、构造或者其结合所提出的适于实用的新的技术方案。外观设计，是指对产品的整体或者局部的形状、图案或者其结合以及色彩与形状、图案的结合所作出的富有美感并适于工业应用的新设计。”

一项技术成果之所以能通过专利审查，获得专利证书，必然具有新颖性、创造性和实用性。但如何评判创新产品属于发明还是属于实用新型，即如何评价一个专利的创新水平，一直是学界无法回避的问题。阿奇舒勒在对大量专利进行分析、研究之后，经过思考，提出了一种新的评价专利创新性的标准，把发明专利依据其对科学的贡献、技术的应用范围及为社会带来的经济效益等情况划分成五个等级加以区别，以便更好地推广应用。这就是发明的五个等级（表 2-1）。

表 2-1 发明的五个等级

发明等级	各个发明等级的特征					
	原始状况	问题来源及解题所需知识范围	困难程度	转换规律	解题后引起的变化	课题比例
第一级 合理化建议	带有一个通用工程参数的课题	问题明显且解题容易；基于专业培养	课题没有冲突	在相应工程参数上发生显著变化	在相应特性上产生明显的变化	35%
第二级 适度新型革新	带有数个通用工程参数、有结构模型的课题	存在于系统中的问题不明确；传统的专业培训	标准问题	选择常用的标准模型	在作用原理不变的情况下解决了原系统的功能和结构问题	45%
第三级 专利	成堆工作量，只有功能模型的课题	通常由其他等级系统和其他行业的知识中衍生而来；发展和集成的创新思想	非标准问题	利用集成方法解决发明问题	在转变作用原理的情况下使系统成为有价值的、较高效能的发明	16%
第四级 综合性重要专利	有许多不确定的因素，结构和功能模型都无先例的课题	来源于不同的知识领域（全社会的知识）；渊博的知识和脱离传统概念的能力	复杂问题	运用科学效应知识库解决发明问题	使系统产生极高的效能并将导致相近技术系统改变的“高级发明”	3%
第五级 新发现和基础性专利	没有最初目标，也没有任何现存模型	来源或用途均不确定（运用全人类的知识）	独特异常问题	科学和技术上的重大突破	使系统产生突变并将导致社会变革的“卓越发明”	1%

基于表 2-1 五个发明级别，我们看第一级、第二级和第三级发明，虽然困难程度不一样，但它们都解决了矛盾，可以看作是一种创新；第四级发明不是解决现有的技术问题，而是用来自其他不同领域的技术代替原有技术解决问题，是改善了一个技术系统的“高级发明”；第五级发明虽然被定位为“卓越发明”，但其必须依托科学和技术上的重大突破，具有较大的不确定性。

阿奇舒勒认为第一级发明并没有解决技术系统中的主要矛盾，只是对现有系统进行简单的改善，解决问题的方法过于容易，其实谈不上创新，不具有参考价值；第五级发明需要科学和技术领域的重大突破，利用新原理、新现象去推动现有技术系统达到一个更高的水平，这对于工程技术人员来说凭一己之力难以实现突破和创新，因而也不具有参考价值。阿奇舒勒有针对性地从海量专利中挑出第二级、第三级和第四级发明，进行整理、研究、分析、归纳，提炼出隐藏在这些专利背后的规律，构建了 TRIZ 的基本理论。正是基于专利来源上的分级，针对 TRIZ 解决发明问题的能力，阿奇舒勒明确表示 TRIZ 只能帮助工程技术人员解决第二级到第四级的发明问题，甚至帮助发明家利用 TRIZ 方法将其发明的级别提高到第三级和第四级水平。

“发明级别”通过获得发明所需要的知识以及发明创造的难易程度量化了发明的水平，能够准确衡量一个专利的创新水平。总体上来说，它具有以下几个方面特征。

（1）发明创造的级别和研发投入的资源成正比。发明创造的级别越高，研发需要投入的资源和精力就会越大，因而研发该发明创造所需的知识和资源就越多。

（2）发明创造的等级会随着时间的推移而不断降低。随着时间推移，社会在不断发展，科技水平也在不断提高，原来级别较高的发明创造也不可避免地沦为人们熟悉和经常使用的“现有技术”。当然，时间的推移也会催生更多更新的、更高级别的发明创造。

（3）针对某种核心技术，人们按照一定的方法论，按照年份、发明级别和数量分析该核心技术的所有专利以后，可以描绘出该核心技术的“S 曲线”。S 曲线可以准确预测产品和技术的研发方向。

（4）分析表 2-1，前三个较低等级的发明占了发明总量的 96%，这说明人们所面临的 96%的问题，都可以利用人类已有的、跨专业的知识体系来解决。

（5）较高等级的第四、五级发明虽然只占发明总量的 4%，但却需要利用整个社会不同领域的、跨学科领域的新知识。这告诉我们，重大发明创新所依据的科学原理往往属于其他领域，因此在进行重大发明时，不仅要在本专业内寻找答案，更应当充分挖掘和利用其他行业和学科领域已有的、更为理想的解决方案，以获得事半功倍的效果。

三、TRIZ 解决问题的流程

TRIZ 解决问题的步骤和思路，就是将特殊的问题转化为 TRIZ 的标准问题模型，然后运用相应的工具去求解，得到解决方案模型，并在此基础上结合实际问题形成问题的具体方案。TRIZ 作为一套方法学体系，为我们提供了模式化、步骤化的解题流程。TRIZ 的一般解题流程主要包含以下四个步骤。

（一）问题发现

创新创造的前提是发现问题。TRIZ 通过对发明问题的定性描述来发现矛盾，继而借助矛盾的发现去解决工程技术中如何做的问题。而在发现问题的过程中，人们往往可以借助经验把抽象的问题通过创设问题情境具体化，把深奥的道理形象化，把枯燥的知识趣味化，激发人们发现问题的欲望和探究问题的热情，从而为发现和研究问题创造条件。

（二）问题分析

分析问题是解决问题的关键。我们运用 TRIZ 来解决发明创新问题时，针对发现的问题进行描述与定义之后，还要层层深入，找到产生问题的根本原因，通过分析找到突破口，再根据 TRIZ 模型，将需解决的特殊问题转化为类似的标准问题，找到解决问题的着手点。

（三）问题解决

TRIZ 解决问题的模式，是指导发明创造人将初始问题转化为四种标准问题模型，运用 TRIZ 提供的相应工具，得到相应的解决方案模型。

（四）方案验证

通过前面三个步骤，我们运用 TRIZ 发现问题、分析问题、解决问题，得到的通常是解决方案模型，因此工程技术人员还需要运用自身的知识技能、工程经验等将解决方案模型转化为实际的工程方案，并进行评估、验证，形成最终的解决方案。

TRIZ 理论是一套解决问题的方法理论，而非直接解决某个特定的创新问题。TRIZ 的解题模式就是将一般问题转化为标准问题，建立问题的模型，从前人的解决方案中，或从其他领域的类似的问题中去寻找答案，再运用相对应的工具来进行求解。

四、TRIZ 的理论体系

TRIZ 理论经过 70 多年的发展，不仅增加了很多新发现的规律和方法，还从其他学科和领域引入了很多新的内容，从而极大地丰富和完善了 TRIZ 的理论体系，使之发展成为一套成熟的解决新产品开发实际问题的理论体系。TRIZ 的理论体系可以用一个屋状结构图表示（图 2-1）。

TRIZ 理论以辩证法、系统论和认识论为哲学指导，以自然科学、系统科学和思维科学的研究成果为根基和支柱，以技术系统进化法则为理论基础，提供了分析工程问题所需的方法，包括矛盾分析、功能分析、资源分析和物场分析等，同时还提供了相应的问题求解工具，包括技术矛盾发明原理、物理矛盾分离原理、科学原理知识库和发明问题标准解法等。TRIZ 理论针对复杂问题的求解提供了发明问题解决算法，同时 TRIZ 理论还包括了一些创新思维的方法，例如九屏幕法、金鱼法、小人法、STC 算子法等。

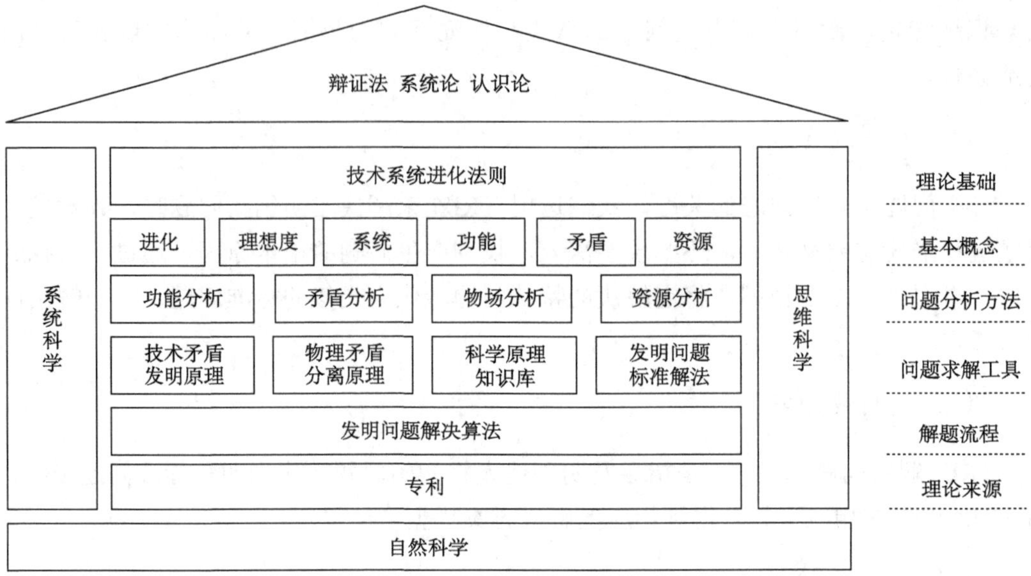

图 2-1 TRIZ 的理论体系

五、TRIZ 理论的主要功能

目前国际上对 TRIZ 方法评价很高，认为 TRIZ 的技术系统进化法则，即研究人类进行发明创造、解决技术难题过程中所遵循的科学原理和法则，可以与达尔文的生物进化理论和马克思的人类社会进化理论相提并论，被西方称为影响人类的三大进化法则之一。

基于 TRIZ 理论，人们揭示出了隐藏在专利背后的规律，发现在不同的技术领域，相同的技术进化模式反复出现，相同的发明原理被反复使用。TRIZ 具有以下六个重要功能：

（1）能够快速识别和解决“瓶颈”，帮助我们打破思维惯性，快速地聚焦问题，指明创新的方向；

（2）能够解决任何程度的复杂性问题和与任何领域相关的创造性问题，而不需要大量的试错选择，这大大降低了发明创造的成本，能够帮助我们迅速地找到解决问题所用到的知识资源；

（3）能够预测系统的进化和获得有希望的解决方案，帮助我们持续地、批量地产生解决方案，实现快速迭代；

（4）能够帮助我们突破对手知识产权的拦阻，同时保护自己；

（5）能够促进创造性思维的发展，帮助我们更好地管理已有和未来的知识，这对创造性人格和创造性团队的发展是必要的；

（6）能够确定和消除可能影响产品质量和其他危险的原因，最大可能确保发明创造过程的安全。

第二节　TRIZ 的思维方法

发明问题解决理论是一门科学，它不仅可以识别和解决各个知识领域的创造性问题，而且可以发展创造性思维和创造性人格的特征。

阿奇舒勒提出的 TRIZ 假设，体现了创新思维与常规思维的本质区别，也改变了人们的生活。他是第一个懂得创造这样一种技术的必要性的人，这种技术将使人们能够抛弃反复试验的方法，一心一意地寻找解决办法。TRIZ 使人们对世界的认知系统化，习惯于因果关系的识别，直接关注问题的本质，正确选择解决问题的主要方向，以新的眼光看待事物和现象，因而拓展了知识深度，缩减了解决问题的时间，提高了创造性思维的效率。阿奇舒勒开发了 TRIZ 几种特有的创新思维方法，如九屏幕法、金鱼法、小人法、STC 算子法等。

一、九屏幕法

九屏幕法是一种通过应用发散思维去克服思维惯性的独特创新思维方法。九屏幕法要求发明创造人从时间和空间两个维度对技术问题作系统分析，从不同维度发现克服系统缺陷所需且可利用的各种资源。

九屏幕法充分运用了发散思维。从空间维度上看，要研究系统本身存在的问题，不仅要考虑本身的状况，而且还要考虑到子系统和超系统的状况，这是在空间上发散。从时间维度上看，不仅要考虑现在的状况，还要考虑到过去的状况，以及未来可能的状况，这是在时间上发散。对一个技术系统在空间上发散的同时也在时间上进行发散，于是，就出现了九个屏幕，如图 2-2 所示，称之为九屏幕法。

我们把研究对象作为一个系统，系统由多个子系统组成，并通过子系统间的相互作用实现一定的功能。子系统本身也是系统，它是由元件和操作构成的。系统的上一级系统我们称之为超系统。以常见的汽车为例，如果将汽车作为一个系统看待，那么轮胎、发动机、方向盘等就是汽车的子系统。汽车的上一级系统就是汽车运行的空间——交通系统，即交通系统是汽车的超系统。

九屏幕法并不能够帮助我们具体解决问题，只是一种协助我们分析问题的工具，能够引导我们多角度看待问题，帮助人们扩大思维的范围，突破原有的思维局限，从多个维度寻找可利用的资源，寻求更好解决问题的方法。

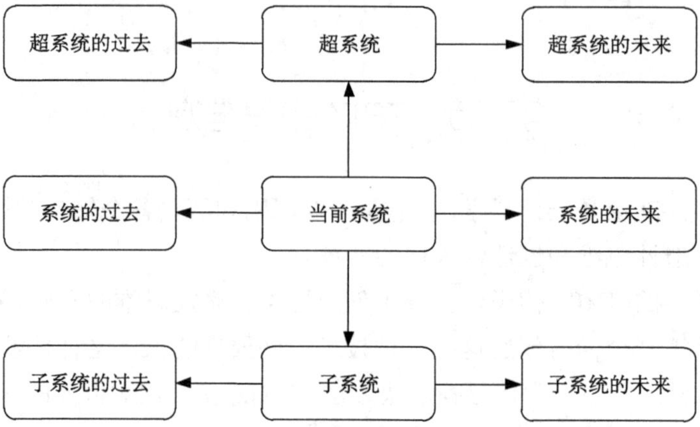

图 2-2　九屏幕法示意图

如图 2-3 所示，我们在使用九屏幕法时，要分别考虑“时间”轴和“层次”（空间）轴，在解决系统问题时，不仅要从系统中，还要从子系统、超系统以及它们所处的现在、过去、未来的状况中，寻找可利用的资源，选取最佳的方案来解决问题。

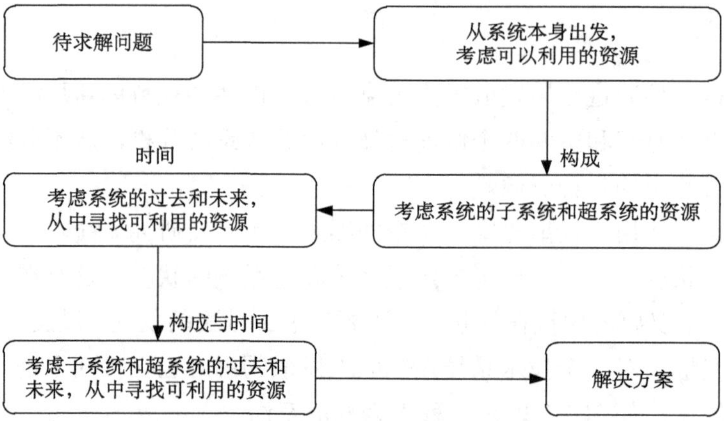

图 2-3　九屏幕法思维模型

伴随着九屏幕法的大量应用，九宫格思维模型也应运而生（图 2-4），使得思维方向更加明确。

8	3	9
4	1	5
6	2	7

图 2-4　九宫格思维模型

（1）划出横三纵三的表格，将要研究的技术系统填入 1 号格；

（2）将技术系统的子系统和超系统，分别填入 2 号格和 3 号格；

（3）将技术系统的过去和未来，分别填入 4 号格和 5 号格；
（4）将子系统的过去和未来，分别填入 6 号格和 7 号格；
（5）将超系统的过去和未来，分别填入 8 号格和 9 号格；
（6）针对每个空格，充分考虑可以利用的各种资源；
（7）选择可以利用的现有资源解决技术问题。

【应用实例 2-1】

空调的未来

炎热的夏天，没有什么比待在空调屋中更为舒适了，但是人们因为工作、生活等原因仍然要经历外面阳光的暴晒，试想一下如何解决这个问题。

我们可以利用前面提到的九宫格思维模型，先准备好空白的九宫格，然后按照下列步骤进行思考：

第一步：画表并把我们要研究的技术系统（空调）填入 1 号格；
第二步：将技术系统（空调）的子系统和超系统，分别填入 2 号格和 3 号格；
第三步：将技术系统（空调）的过去和未来，分别填入 4 号格和 5 号格；
第四步：将子系统的过去和未来，分别填入 6 号格和 7 号格；
第五步：将超系统的过去和未来，分别填入 8 号格和 9 号格；
第六步：针对每个空格，充分考虑可以利用的各种资源；
第七步：选择可以利用的现有资源解决技术问题。

得到空调的九宫格思维模型（表 2-2）。

表 2-2　空调的九宫格思维模型

超系统的过去： 室内空间、空气、电流等	超系统： 室内空间、室外空间、空气、电流等	超系统的未来： 室内空间、室外空间
系统的过去： 电风扇	当前系统： 空调	系统的未来： 空调外衣
子系统的过去： 安全罩、叶片、电机、制冷系统等	子系统： 空调外机、制冷系统、电路系统等	子系统的未来： 衣服、制冷系统

把空调作为当前系统，是因为空调依然受制于空间，只能在室内，无法满足室外需求，这样我们就可以进行思考，通过对各个子系统、超系统、过去、未来作全面分析。如果需要能源制冷的话，最经济效率的做法就是在一个密闭空间制冷，同时还不受室内、室外空间的制约，最理想的状态就是像人的皮肤一样形成一个温度密闭空间，由此推论带空调功能的衣服可能是最佳选择。

如果这个系统有许多问题，就可以制作许多张九宫格从不同问题去分析，寻找解决问题的资源或线索，重构“系统的将来”。比如汽车，我们就可以进行不同方向的分析。

问题 1：消耗能源

解决油耗高的问题，最理想的状态就是不用油，推论出新能源汽车。

问题 2：占用道路

依据进化法则，我们判定系统的将来就是缩小体积，将汽车改造成微型汽车。

问题 3：废气排放

解决环境污染的问题，最理想的状态就是不排放气体或者排放的气体无害，推论出清洁能源汽车。

九屏幕法总结：

通常，我们需要利用九屏幕法是因为某一个系统出现了问题，我们需要从时间和空间两个维度去发散性地寻找解决问题的思路。这也就要求我们必须深刻理解九屏幕各个宫格之间内在的逻辑关系，掌握正确的填写规则和要领，才能让九屏幕法真正发挥出它应有的效能，激发出更有价值的创意。

二、金鱼法

金鱼法同样是 TRIZ 理论中用于克服思维惯性的另一种思维方法，它引导我们通过不切实际的幻想去发现问题的解决思路。如图 2-5 所示，使用金鱼法时，我们首先要幻

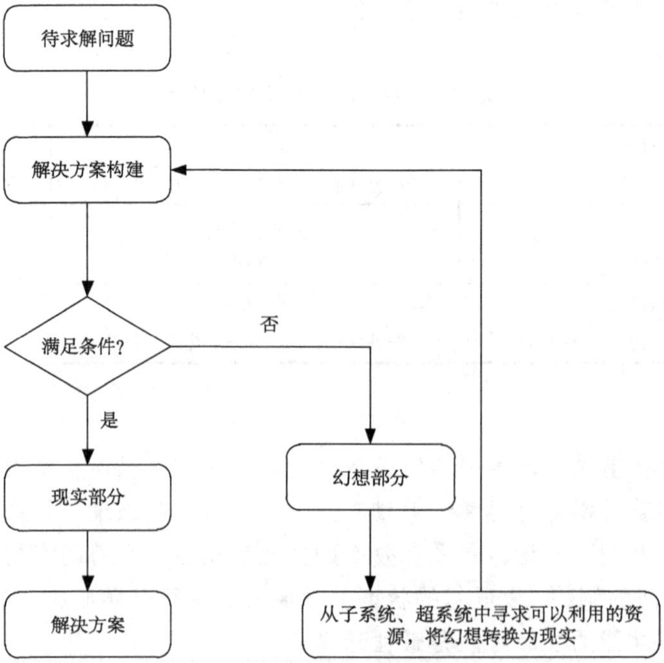

图 2-5　金鱼法思维流程

想出问题的解决构想，并将解决构想区分成现实部分和幻想部分，然后利用系统资源，找出可以将幻想的不现实部分变成现实的部分。它是一个反复迭代的分解过程。这种幻想式解决问题的思路，最关键的问题就是反复迭代区分现实和幻想的部分，利用资源集中解决幻想部分的问题，将幻想的不现实部分变成现实，直至问题的解决构想能够实现为止。幻想方案的求解也可以结合九屏幕法获得可利用的资源。

【应用实例 2-2】

如何在一个月之内建造一座 50 层以上的高楼?

一个月之内建造一座 50 层以上的高楼，似乎只是痴人说梦，但是我们仍然可以大胆假想。

我们知道现实中要建造一座高楼，即使只是施工阶段，也要围墙封闭、基坑放线、主体施工、安装电梯、内外墙施工等，如此繁多复杂的程序，在现实生活中也要 6 个月以上。什么情况下可以缩短工期呢？那就是在将来有没有可能建房子就像搭积木一样，高楼的各个组件模块预先制造好，然后通过连接件快速组合，工期就有可能大幅缩短，甚至有可能在 1 个月之内完成（图 2-6）。

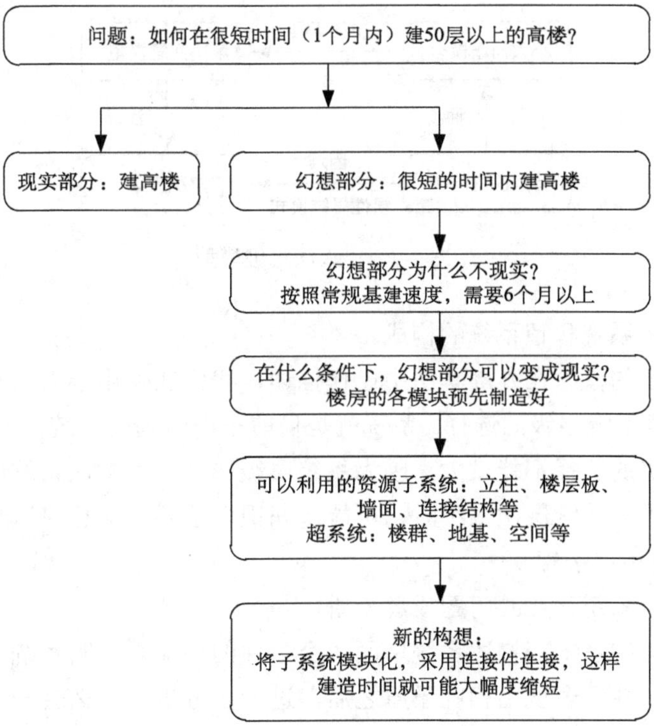

图 2-6　金鱼法实例

图 2-6 揭示了金鱼法通过引入其他资源，将不现实的想法变为现实，反复迭代，克服惯性思维的创造性问题分析原理，这种脑洞大开常常会将看似不可能解决的问题变成可能的、现实的解决方案。

三、小人法

在解决发明问题时，当我们发现系统内的部分物体不能完成必要的功能和任务，并呈现出一种矛盾时，就可以用几组小人来分别代表这些不能完成特定功能的部件。不同的小人表示执行不同的功能或者具有不同的矛盾，通过增加或重新组合这些小人，使它们能够发挥各自的作用，解决矛盾，实现必要的功能，达到预期的目标。

小人法能够帮助我们更生动形象地描述技术系统中出现的问题，用不同的小人代表承担特定功能的不同部件，通过增加或组合小人，帮助我们更好地克服思维惯性导致的思维障碍。特别是对于系统结构，小人法能够拟人化地提供解决矛盾问题的思路，从而快速获得理想解决方案。

小人法在解决问题时，也有较为严谨的步骤，如图 2-7 所示，将运用惯性思维模式较难解决的问题转化为助力思维的小人问题模型。

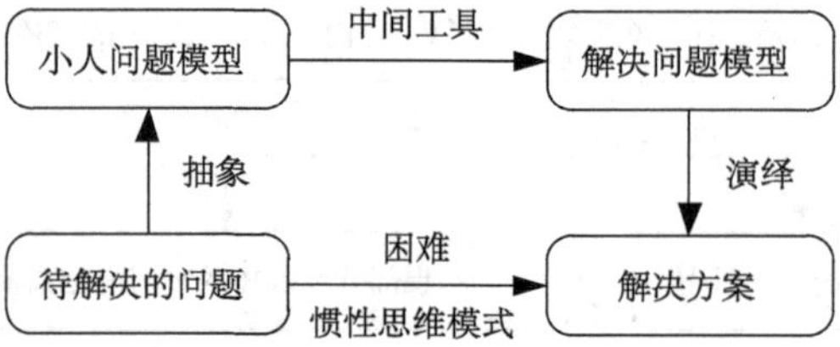

图 2-7　小人法思维模型

第一步：分析系统和超系统的构成。

系统和超系统的概念在九屏幕法中已作描述，我们在使用小人法时同样需要描述系统的组成，并注意系统层级的选择。系统就是目前出现问题的系统，我们选择超系统时，也要注意系统层级的选择不能过大，因为系统层级选择太大时，系统信息不充分，为分析问题带来了困难，系统层次太小时，可能遗漏很多重要的信息。这时需要根据具体的问题，确定合适的超系统。

第二步：确定系统存在的问题或者矛盾。

分析出现问题的系统，描述系统里面各个组件的功能，判断系统内的哪些组件不能完成必要的功能，并且表现出相互矛盾之后，进一步分析为什么会产生矛盾，确定矛盾产生的根本原因。

第三步：建立问题模型。

把系统中执行不同功能的组件想象成各自不同的一群小人，用图形的形式表示出来，不同功能的小人用不同的颜色区分。同时用一组小人去代表那些不能完成特定功能的部件。这就完成了出现问题时或发生矛盾时的模型建立。

第四步：建立方案模型。

通过研究问题模型（小人模型），我们可以抛开原有问题的环境，将小人拟人化，赋予小人一定的能动性，根据问题的特点及小人执行的功能，对小人进行重组、移动、剪裁、增补等改造，解决矛盾，构建解决问题的方案模型。

第五步：从解决方案模型过渡到实际方案。

根据上一步构建的解决问题的方案模型，将幻想中小人执行的功能结合现实中的资源，找到实际的问题解决方案。

【应用实例 2-3】

水杯喝茶问题的解决

据不完全统计，我国有近乎一半的人有喝茶的习惯，而他们通常使用的喝茶容器是水杯。普通的水杯不能满足喝茶人的需要，因为人们使用普通水杯喝茶时，茶叶会和水同时进入人的口中，影响人们的正常喝水的口感。

如何解决这个问题呢，我们可以使用小人法进行分析。

第一步：分析系统和超系统的构成。喝茶时出现问题的系统是装满茶水的水杯，由杯体、水、茶叶以及杯盖组成。喝茶的超系统还包括人的手及嘴。由于喝茶时所产生的矛盾与杯盖没有较大关系，因此我们对杯盖不予考虑。喝茶超系统中人的手和嘴也是难以改变的，在此也不予考虑。

第二步：确定系统存在的问题或者矛盾。系统中存在的问题是人喝茶时，茶水和茶叶同时会进入人的口中。而矛盾产生的原因则是茶叶的质量较轻，有些会漂浮在茶水中，在人喝茶时随水流动。

第三步：建立问题模型。用不同的小人描述系统组件的功能，建立问题模型，如图 2-8 所示。

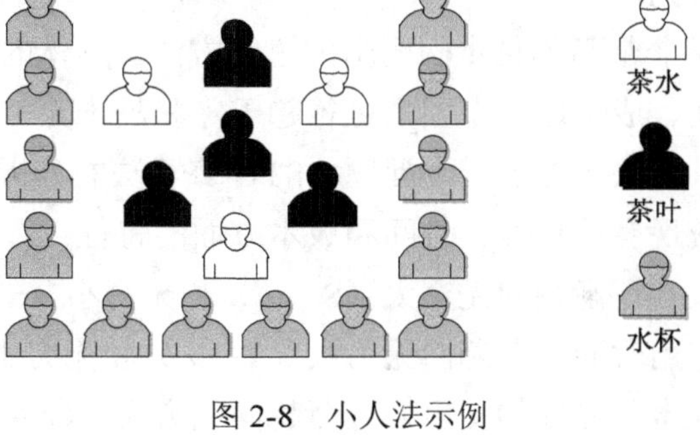

图 2-8　小人法示例

第四步：建立方案模型。在小人模型中，我们可以看到三组代表不同组件的小人，代表茶水的白色小人，代表茶叶的黑色小人，代表水杯的灰色小人。当人拿起水杯喝水时，杯身会移动或改变方向，而白色小人和黑色小人也会随之移动。但喝茶的人只需要白色小人，不需要黑色小人。怎么办呢，我们此时可以想象有另外一组小人，在黑色小人随着白色小人离开杯口的时候，能够准确辨别黑色小人，并且把它拦住。所以解决这个矛盾的方案模型就是引入一组具有辨识能力的小人。

第五步：从解决方案模型过渡到实际方案。根据上一步的方案模型，我们就需要在杯口增加一个具有识别功能的装置，实现茶叶和水的分离。通过观察和分析，我们知道水分子和茶叶的大小是有明显区别的，也就应该很容易想到这个具有识别功能的装置应当是一个带孔的过滤网，而孔的大小既要取决于过滤茶叶的能力，还要考虑到杯口的出水量。

四、STC 算子法（尺寸-时间-成本分析法）

STC 算子法，又称为尺寸（size）-时间（time）-成本（cost）分析法，是对一个系统自身的不同特性单独考虑的创新性思维方法。它将尺寸、时间和成本因素通过极限思考方式进行想象，用于克服由于长期思维惯性产生的心理障碍，打破思维定式，将客观对象由“习惯”概念变为“非习惯”概念。

通常工程师对于需要解决技术问题的系统是非常熟悉的，因而一般会对研究对象有一种习惯性的认识和理解，这种“习惯”的概念在时间、空间和资金方面尤为突出。这种“习惯”会在工程师的思维中建立心理障碍，进而可能妨碍工程师去清晰、客观地认识所研究的对象。这种障碍影响主要表现在以下两个方面：一是工程师依据习惯所建立的思维结构可能与解决问题所需要的方法相差甚远；二是这种心理障碍一方面会主观地过滤掉某些看似与技术问题无关，但实际上却非常重要的信息，另一方面还会加入工程师主观上认为重要但却实际上与技术问题无关的信息，导致解决问题的思路会变成一条“不归路”。 STC 算子法能够有效克服惯性思维的障碍，纠正对研究对象最初认识的误差，重新准确认识研究对象。

STC 算子法是一种非常简单且步骤明晰的思维方法。具体的方法是针对一个研究系统，分别将尺寸、时间、成本这 3 个因素进行趋于零和趋于无穷大的两种假设，就会出现 6 种可能，导致 6 种结果，对于一个问题，STC 算子法的分析过程如下：

（1）明确研究系统现有的尺寸、时间和成本方面的特性；

（2）想象系统的尺寸逐渐趋向无穷大（$S\to\infty$）和无穷小（$S\to 0$）；

（3）想象系统的作用时间逐渐趋向无穷大（$T\to\infty$）和无穷小（$T\to 0$）；

（4）想象系统的成本（允许的支出）逐渐趋向无穷大（$C\to\infty$）和无穷小（$C\to 0$）。

这就为解决问题提供了思路和方向。STC 算子法的思维模型如图 2-9 所示。

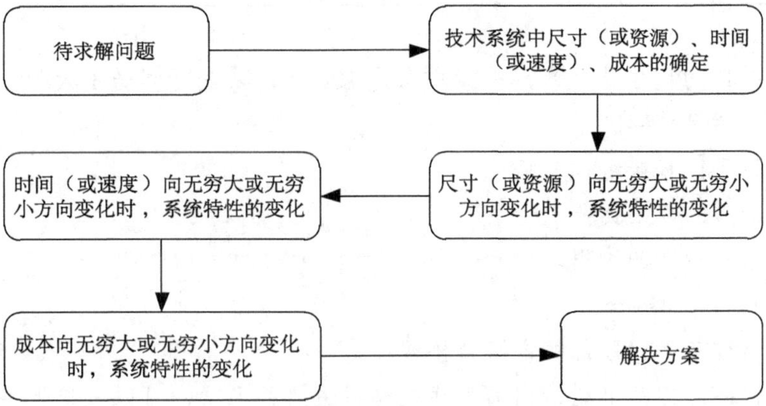

图 2-9　STC 算子法的思维模型

具体来说，就是想象系统的尺寸趋向无穷小直至微小到不存在，这时我们来思考如何建立这样的系统，其间我们会遇到哪些问题，同时它又会带来什么好处。之后我们再反向思考，想象系统的尺寸趋向无穷大，这时我们一样要思考如何建立这样的系统，其间会遇到哪些难题，同时它又会带来什么益处。

之后继续针对时间（趋向无穷小甚至瞬间发生，或者趋向无穷大花费无限长的时间）和成本（趋向无穷小直至系统免费，或者趋向无穷大要花费无限多的资金）进行此类想象。

在分析过程中我们需要注意以下几点：

（1）每个方向的想象试验都要分步递增、递减，直到发现物体新的特性出现；

（2）不能在还没有完成所有想象试验前，因为担心系统会变得更加复杂而提前中止想象；

（3）STC 算子法的使用成效取决于人的主观想象力、系统特性等情况；

（4）在试验的过程中不要尝试通过猜测得到最终的答案。

尽管 STC 算子法很简单，但它却可以让发明创造人排除所有虚假的约束条件，更加真实地看待系统，从系统中得到更加有效的信息。

【应用实例 2-4】

采摘苹果

利用活动梯摘苹果是常规方法，但是这种方法劳动量大、效率低。如何让繁重的苹果采摘劳动变得更加方便、快捷和省力呢？

我们可以使用 STC 算子法从尺寸、时间、成本 3 个方面做 6 个维度的发散思维，将尺寸（苹果树的高度）、时间（采摘苹果花费的时间）、成本（采摘苹果的费用）分别趋于零和趋于无穷大，就可以获得 6 种结果，也就是采摘苹果可能的 6 种改进思路，其结果如下。

（1）苹果树的尺寸是 2 米，采摘成本是 100 元，采摘时间是 1 天

（2）苹果树尺寸→0

▲不要梯子，直接可以采摘；

▲种植低矮的苹果树；

▲把苹果树种在凹沟里。

（3）苹果树尺寸→∞

▲建造通往苹果树顶部的道路或桥梁；

▲虽然很高，但苹果树的树冠长成长梯或道路的形状，可以直接上去采摘。

（4）苹果树采摘时间→0

▲需要苹果在同一个时刻落地；

▲借助于轻微爆破的方法；

▲利用压缩空气喷射法。

（5）苹果树采摘时间→∞

▲给苹果足够的时间，等待其成熟自由掉落；

▲可以在苹果树下面垫软垫，铺设松土层；

▲地面呈倾斜状，在末端苹果滚入某指定容器。

（6）苹果树采摘成本→0

▲摇晃苹果树；

▲苹果自动落下。

（7）苹果树采摘成本→∞

▲带有观察系统和机械手臂的智能摘果机器；

▲给苹果装上磁性物质，用产生磁场的专用设备来采摘苹果。

使用 STC 算子法虽然不能获得问题的答案，但是可以通过破除思维障碍开阔思路，寻求突破性的解决方案。针对一个具体问题，不一定要对尺寸、时间、成本 3 个因素都进行分析，只要对两个或一个因素进行分析，甚至对一个因素的一个方向进行分析就可以了。

第三节　TRIZ 应用及发展前景

一、TRIZ 的应用

从 1996 年开始，TRIZ 作为一项创新理论就开始在英特尔公司的创新中心进行应用，不仅为研发团队节省了研发时间，更节约了大量的研发费用。在 1996 年到 2006 年的十

年间，仅在英特尔公司的工艺部门，应用 TRIZ 就节省约 2400 万美元的成本。2001 年，波音公司 450 名工程师，接受了 20 余名俄罗斯 TRIZ 专家两星期培训，解决了困扰波音 767 加油机研发团队长达 3 年的关键技术难题，最终赢得价值 15 亿美元的空中加油机订单。2004 年，UT 斯达康公司同样利用 TRIZ 解决了机顶盒天线连接问题和电磁兼容问题，大大缩短了新产品研发周期，节省了大量的研发经费。

韩国三星公司在 1991 年是一家濒临倒闭的公司。其领导人高瞻远瞩，聘请了一批俄罗斯 TRIZ 专家，成立了三星 TRIZ 协会，大力在公司内部开展 TRIZ 培训，为公司催生了硕果累累的专利技术。截至 2004 年，三星公司采用 TRIZ 研发出 67 个项目，申请了 52 项专利，还每年节约相关成本 1.5 亿美元。三星电子应用 TRIZ，成功成为世界一流的等离子彩电的研发和生产者，获得笔记本电脑的显示器分割的发明专利，将 DVD 播放器中的 CD 和 DVD 两个激光头合二为一，形成技术壁垒，占领产品发展先机。随后三星电子产值和利润全面超过索尼，以 1641 项美国发明专利授权超过美光科技有限公司和英特尔公司，在全球排名第五，领先于对手索尼、日立、松下、三菱和富士通等公司，成为世界著名的跨国公司，进而跃居为全球最大的电子公司。

1985 年，研究人员将 TRIZ 引入中国，但直到 1999 年，TRIZ 才开始在中国被广泛地研究和应用。2002 年，以 TRIZ 的创新方法研究、推广和软件开发为主的亿维讯公司成立，TRIZ 从高校研究开始走向了企业研究。同时，以 TRIZ 为核心的研发知识创新平台 Pro/Innovator 及创新能力拓展平台 CBT/NOVA 诞生。软件的诞生更加方便了 TRIZ 的应用，加速了 TRIZ 的推广。2004 年，国内首个与 TRIZ 相关的专利“问题分析系统”（200410049602.2）诞生。2005 年，中兴通讯引入 TRIZ，成为国内最早应用 TRIZ 的企业之一。中兴通讯首次尝试性引入 TRIZ，就在 21 个技术难题的攻克过程中取得了很快的进展，8 个项目成功申请专利。之后，越来越多的企业开始引入 TRIZ 到实际工程之中。至今国内已经有几十万人接受了 TRIZ 的培训。

二、TRIZ 的发展前景

TRIZ 不仅依据其强大的理论体系指导人们总结发明规律，发现新原理，其本身也在随着科学技术的发展和社会的进步而不断完善。TRIZ 今后的研究和应用方向主要集中在以下两个方面：第一是 TRIZ 本身的不断完善和发展；第二是应用领域不断拓展和深入。

TRIZ 主要解决发明设计中的“How”，即怎么做的问题。但是针对“What”，做什么的问题却一直没能给出合适的方法。大量的发明创造表明，TRIZ 对于发现矛盾、解决矛盾非常有效，但是对于问题的定性却并不明确。事实上，很多发明创造的问题一开始是不明确的，需要分析问题的手段。所以 TRIZ 想要在企业的产品全生命周期中发挥更大作用，就必须与其他方法整合。一般来讲，在产品开发周期中，TRIZ 在技术战略选择和产品新概念产生阶段作用最大。而这些阶段之前和之后，都有一些较为成熟的理论方法，如质量功能展开（quality function deploy, QFD）、稳健设计、价值工程、约束理论、公理化设计等。TRIZ 与这些方法的比较整合研究是当前的热点。

当计算机已经较为普遍应用的时候，就开始有人发展基于计算机的 TRIZ 软件，使 TRIZ 支持创新问题解决的各个阶段，诸如问题分析、功能分析和裁剪、效果测试和执行等。TRIZ 与信息技术、生命科学等方面的原理方法不断融合，进一步扩展了 TRIZ 的科学效应知识库。目前拥有巨大数据库支撑和友好界面的 TRIZ 软件已经成为一种发展趋势。

随着科技的发展，TRIZ 理论的应用已不局限于特定的技术领域，已经拓展到了包括艺术、教育、医学、管理学等诸多领域。虽然当前 TRIZ 理论在非技术领域的应用效果远不如技术领域，但是，该理论中包含的分析工具、创新思维以及部分基于知识的工具在非技术领域的应用成效颇佳。例如，TRIZ 中 40 条发明原理已被广泛应用于经济、市场、商业、教育等领域的研究，并取得了巨大成效。

问题思考

1. 请结合某一现有产品，写出 TRIZ 解决问题的过程。
2. 利用九屏幕法，创新思考下未来手机的发展趋势。
3. 采用金鱼法，思考如何用空气赚钱。
4. 制造棕榈糖是孟加拉国居民千百年来的重要收入。一颗棕榈树每季可产 240 升树汁用来制造棕榈糖，但棕榈树树干高 20 多米，在获取树汁时必须从树冠向下割槽，非常辛苦。孟加拉国大约有 1300 万棵棕榈树，有什么办法能够使获取树汁的方法更加简单便捷？

第三章

问题描述与分析

能正确地提出问题就是迈出了创新的第一步。

——李政道

学习要求 学习理解问题描述

掌握三大分析方法

学习运用三种分析方法，来寻找和确定发明问题的突破点

认识问题突破点的确定，掌握解决问题突破点的应用

我们要想持续创新，首先要学习解决创新问题的思考模式，用 TRIZ 的思维语言来描述准备发明的问题。然后，用系统功能分析、因果分析和资源分析三大分析方法来分析问题，为下一步解决问题做好准备。这三种分析方法之间也有一定的关系，系统功能分析强调此情此景、重点关注问题发生的瞬间系统组件间的相互作用，目的在于搜集系统的负面功能，建议在进行系统功能分析时不必尝试去寻找问题发生的原因。作为互补，相对于只关注此情此景的系统功能分析，因果分析则强调时间效应，可能更擅长去发现那些随着时间变化逐步对系统问题的发生施加不同影响的全部要素，尤其是随机出现，在问题发生时没有起作用的一些因素。资源分析则着重为解决问题探寻未知资源，力争做到隐性资源显性化、显性资源系统化。

第一节 问题的发现和描述

我们解决创新问题的思考模式往往有两类：一是由于知识的局限性，我们对自己专

业领域以外的事情往往知之甚少，小学、中学、大学的教育养成了我们的惯性思维模式，这种惯性思维模式有时也会大大妨碍我们的创新思维；二是更多时候，我们解决创新发明问题的时候，就没有一定的思考模式，至少可以说没有系统的、经过训练的、有效的思考模式。下面给大家讲解一种思维模式，TRIZ 思维。

一、TRIZ 思维

TRIZ 思维的核心是：①很多 TRIZ 的方法和原理在以往的发明过程中重复使用，那么在未来的发明过程里也会使用到；②技术系统的进步不是无规律的， 而是遵循一定的客观趋势；③问题可以通过构建系统模型、物场模型等来帮助我们解决。

TRIZ 是唯一有关发明的理论，TRIZ 能让我们把发明过程步骤化、模式化，更好更快地发现有效的、有价值的解决问题的办法，特别是解决复杂问题、极端问题的时候，能体现出不可替代的简明效果。

TRIZ 展示了创造发明的内在规律、方法和原理，能让我们抓住系统中存在的矛盾，用 TRIZ 解决矛盾，获得最终的理想解、满意解。

学习 TRIZ，需要训练系统化 TRIZ 思维的思考模式，就是当我们遇到一个问题的时候，我们都是从描述问题、分析问题开始，把问题抽象化，再依据专家分析过的数百万个专利所归纳出的发明原则，来做类比，获得更多的创新创意想法，最后结合实际问题、实际情况得出最可行的解决方法：①陈述焦点问题；②定义矛盾因素；③建立技术矛盾模型；④确定模型图；⑤强化矛盾；⑥建立陈述问题的模型；⑦用标准解法解题。

TRIZ 就是一套解决创新问题时系统化的思考模式，辅助我们更好地运用创新方法，创新解题的流程。

作为大学生，学习 TRIZ，就是要在日常中运用 TRIZ，培养自己一种系统化“TRIZ 思维”的思考问题模式。

阿奇舒勒认为发明创造是一个过程，应该有规律可循，有方法可依。他在总结过去大量专利经验的基础上，设计出了发明问题解决算法，并在实践中运用、改进、完善，历经数个版本，最终形成了解决复杂发明问题的最有效工具。TRIZ 里的 40 个发明原理、矛盾矩阵、物场分析、标准解系统、功能结构分析等，构成了“TRIZ 思维”模式，运用在解决具体问题的过程中。

用 TRIZ 思维看一个系统的发展，与生物成长一样，一步一步经历着产生、成长、成熟、衰退、新系统再产生的生命周期过程。系统发展的动力来源于矛盾。TRIZ 思维方式揭示出系统进化的八大法则：完备法则，能量传递法则，动态进化法则，提高理想度法则，子系统不均衡进化法则，向超系统进化法则，向微观系统进化法则，协调性法则。另外，TRIZ 的 S 曲线法则揭示了系统从产生、成长、成熟、衰退直至消亡（转向其他系统）的规律和路线。

TRIZ 有 40 个发明原理、76 个标准解、39 个工程参数。

TRIZ 引入矛盾分析的方法、系统分析的方法。

所以学习“TRIZ 思维”、建立“TRIZ 思维”的思考模式，在描述问题、分析问题时，能够帮助我们跳出没有思考模式的状态，跳出惯性的思考模式的状态，学习步骤化、模式化的发明过程。

【延伸阅读】

系统工程思维

S-400“凯旋”地空导弹系统是目前世界最先进的。而这个世界最先进的导弹系统并没有多少先进的技术，是在 S-300P MUZ“骄子”系统的基础上用系统工程的设计思路再研究、再研制的结果。

S-400“凯旋”地空导弹系统由俄罗斯阿尔玛兹-安泰中央设计局牵头设计。它充分利用了现有的无线电技术、雷达、火箭制造、微电子、计算机等方面的研究成果，这些成果没有一项是世界最先进的，但是通过俄罗斯工程师的系统设计，它成为第四代防空系统，射程更远、跟踪雷达能力更强、速度更快、精度更准，从而成为当今世界上性能最好的防空导弹系统，超过了美国。

S-400 能同时指挥发射 8 种不同类型的导弹；远程、中程、近程都可兼顾；完全可以对付第五代战斗机、侦察机、战略轰炸机、战术导弹、中程弹道导弹、超音速导弹、巡逻机等各种目标。

S-400 可用于从超低空（5 米）到高空，从近距离到超远程（600 公里），从单一目标到对抗密集多目标的全空域空袭。

二、问题发现

TRIZ 基于经验，发现问题、描述问题、找出设计中的矛盾。发现问题是创新发明创造的第一步，通过 TRIZ 思维模式，创设问题情境，把抽象的问题具体化、深奥的道理简单化、枯燥的知识趣味化，为无序的思路找到突破口，也激发我们发现问题的欲望和解决问题的激情，为发现和研究问题打下基础。

创设问题情境主要从以下几个角度进行：

（1）以自然和生活为背景创设问题情境。利用自然情况和生活经验创设问题情境，顺其自然地将方法论和自然生活现象有机结合起来。比如日常生活中一幅常见的场景、一个社会事实、一次亲身经历、一个奇妙的自然现象、一项有趣的化学实验等，都可以将问题与日常生活密切联系在一起，从而激发我们想去改造自然，想去探索问题，想去分析和解决问题。

（2）利用社会实践的经验创设问题情境。只有当方法论与社会经验、社会环境或自然情境相结合时，所学的知识才容易学有所用，发生质变，把知识迁移为能力；只有在真实情境中获得知识和技能，才能真正理解、掌握并于真实生活和工作环境中解决实际问题。比如某个方法论对社会发展有影响的事实、一个方法论的科学与技术发展的重大成就、一幅真实的方法论的插图、一则生动的报道等，都能激发我们想去解决问题的欲望。

（3）以实验探究为背景创设问题情境。实验是大学里寻找问题原因的基本方法，也是验证效果的基本方法。实验在解决问题过程中起着最终的决定作用，这是实用主义的基本原则。除了在实验之前要精心设计之外，在实验过程中尤其要仔细留意实验的过程，着力于一些容易被忽视的细节来创设问题情境，仔细观察，才能功夫不负有心人，以小见大，于不经意处发现问题。从许许多多科学家的发明例子里，我们早就知道：实验现象尤其是实验中出现的异常现象是绝对不可忽视的。所有的问题本质上讲都是异常现象，从数学上讲，所谓异常现象就是数学价值。因此异常现象和异常现象所对应的参数中往往包含了巨大的信息量。

（4）以新信息为背景创设问题情境。信息时代发展日新月异，那么我们处理新信息的能力也要快速跟上，只有这样，我们才能不被信息时代淘汰，才能及时了解到最新信息，及时捕捉到最有用信息，及时处理最新的、有用的信息，并站在发明创造的角度，做出新的、有水平的科研成果。同时，要重视解决问题的历史，了解为什么问题会发展到今天。

问题情境的创设应注意以下事项：

（1）我们要能把隐问题显性化，变成显问题。一个问题情境应该包括这样一些要素：背景材料、旧知识、生活经验、兴趣、热情、冲突和质疑。

（2）背景材料包括已有知识、文献、阅读材料、语言描述和介绍、自然或实际现象的观察、档案等。背景材料是进入问题情境的门槛，能让我们产生问题、了解问题的原委、看清问题现象的全貌。

（3）旧知识、生活经验包括我们已有的思维模式、学校知识、阅历、生活经验、主观想象、局限性知识等，有正确的，也有错误的。它与背景材料不相适应或产生矛盾时，就会产生问题。

（4）兴趣、热情是对背景材料的关注度、兴趣度以及由此产生的好奇心、参与意识等。它是学习、思维、探究、创新的激励剂。

（5）冲突、质疑是在对背景材料进行研究时，发现不吻合、有差异、有矛盾，经过多次质疑发生思维的突破和飞跃，为大胆地提出问题做好准备。

三、问题描述

对产品发明创新，先要了解产品，把产品作为一个产品技术系统，用系统思想分析研究才能发明创新。分析研究之前，我们先描述几个概念。

系统（system）：若干个部分相互影响、联系和作用，形成了一个有机整体，并具有一些功能。

组件：技术系统和超系统的一个组成部分，由物质或者场组成的一个能单独存在的比较小的物体，即子系统。

技术系统：由相互联系的一个个组件和组件之间相互作用组成，能够实现某种技术功能。

超系统：系统外部的，不属于系统本身，但与系统和其中的组件有一定相关性的系统。

对象：技术系统的作用目标。

怎样描述产品系统呢？这跟我们学习数学非常相似。比如我们想求一个球的周长，怎么解？我们可以先把球描述成平面的一个圆，分析出直径或半径，用已经抽象化的公式计算出周长。TRIZ 解决问题模式与计算数学问题一样。

我们遇到具体的问题时，先要把问题抽象化。从抽象、知识、理论的角度描述分析系统，分析系统运作、执行或完成其功能的状况；从系统里具体的某个组件角度来描述、分析系统，描述、分析每一个组件实现功能的能力。得到显性化、通用化的发明问题，利用工具和模型就能够得到通用的解决方法。

问题描述步骤如下。

（1）描述问题所在的系统，包括这个系统的组成、工作原理、问题发生的条件。在实际生活中，我们所遇到的问题、不能理解的现象，都是复杂性的一种表现。复杂系统是众多因素相互联系、相互影响的一个有机系统。因此只有充分了解复杂性产生的根源，才能解决问题。所以在 TRIZ 问题分析中，很少出现原因分析，重点是对结构、功能、相互作用进行分析。

（2）建立模型，分析系统的功能、超系统组件的功能、系统里各组件间的作用关系，利用 TRIZ 思维模式，分析出哪些作用是有害的、不足的，从而找到造成系统问题的因素。

（3）把第二步发现的因素，特别是关键因素，选择进行组件价值分析、因果分析、资源分析或功能结构分析。

- 组件价值分析，计算出系统中各个组件的功能价值，对于理想度低的组件采用裁剪的方法进行系统功能的重新分配，同时将问题转化为关键问题。
- 因果分析，通过对问题层层深入分析，找到产生问题的根本原因，寻找解决问题的突破点。

- 资源分析，帮助我们找出解决问题所缺乏的资源，转化为解决问题的突破点。
- 功能结构分析，即解剖系统各部分的相互作用，或者超系统、系统和子系统这样的分层结构，通过改变它们之间作用的方式实现最终的目标。

总之，TRIZ 分析问题的过程与一般分析问题的过程有所不同，TRIZ 的研究对象是技术系统，不是产品或者工具，强调以系统的观点来看待我们所研究的对象。

【延伸阅读】

创新不可预测，只能由企业家自己判断

2020 年 7 月 9 日，2020 世界人工智能大会在上海世博中心拉开帷幕。在“大爱无疆·致远”商汤科技人工智能企业论坛上，张维迎教授发表“创新的不确定性与企业家精神”的主题演讲，以下分享他的精彩观点。

“对于不确定性，人们没有办法预测未来，也没有办法形成基本的共识，因此企业家精神应运而生。我们靠企业家的八仙过海，各显神通，去打磨更多新产品、新技术、新的生产方式，让人类得以进步。”

多变的 2020 年，每个人眼中的“不确定性”都变得格外明显。然而在关于“创新”的众多领域里，不确定性却一直是个主流词，并且种类繁多。

对于创新的不确定性，张维迎教授总结为四点：

- 技术可行性的不确定性；
- 商业价值的不确定性；
- 相关技术的不确定性；
- 体制、文化和政策的不确定性。

（资料来源：商汤科技 SenseTime）

第二节　系统功能分析和裁剪

汽车能为我们“代步”，电饭煲能帮助我们“做饭”，电风扇使我们“消暑凉爽”，我们购买的实际上是产品的功能。也就是说，功能（function）是产品的根本目的。19 世纪 40 年代价值工程理论的创始人美国通用电气的工程师劳伦斯·戴罗斯·迈尔斯（Lawrence D. Miles，1904～1985 年）提出功能的概念，并把它作为工程研究的核心问题。第二次世界大战期间，美国通用电气公司发生了一次石棉事件，当时美国市场各种原材料供应都很紧张，公司急需一批石棉板，当时的石棉板货源很不稳定，而且价格很贵，担任通用电气工程师的迈尔斯注意到了问题，认为解决这一问题的方法之一，就是寻找研究可替代石棉板的材料。通过对使用石棉板的功能进行分析，发现公司使用石棉板是为了铺设在车间地板上，以便给产品喷漆，目的是避免涂料沾污地板和引起火灾，于是迈尔斯在市场上找到一种防火纸，这种纸同样可以起到避免涂料沾污地板和引起火灾的作用，且成本低，容易买到。通过用防火纸替代石棉板，迈尔斯将其推广到通用电气各个地方。他继续对产品的功能、产品的成本与产品的价值之间的关系进行研究，提出了功能的定义、功能分析、功能评价、必要功能和不必要功能，消除不必要功能的方法，形成了以最小成本提供必要功能来获得最大价值的价值工程分析法。迈尔斯认为顾客买的不是产品本身，而是产品的功能。

一、系统功能

功能的定义，从生产者角度讲，是使产品系统能够工作或产品能够被出售的特性，是一个系统组件（子系统）改变或保持另一系统组件的某个参数的行为或作用（action）。比如，汽车有提供载人移动的功能；灯泡有提供光源的功能。

解读这个概念，需要注重以下四个方面：

（1）产品之所以是产品，就是因为有功能，功能是产品存在的目的，功能可能涉及产品的多个方面。功能载体以及功能对象都要求是实体。比如做瑜伽的人靠墙站立时，墙改变了人的状态，帮助人完成瑜伽动作，此时的墙对人有支撑的功能；但如果人仅仅是站在墙边，把墙作为瑜伽的背景，墙没有改变人的状态，此时的墙对人没有功能。

（2）功能必须“改变或保持”对象的“某个参数”，因此功能是一种“客观存在”并“产生了影响”的行为或作用。

（3）在创新研究时，大家逐渐认识到功能是产品设计、产品创新的关键，所有工作都是满足产品的功能要求。产品的功能就是用户的某一个需求，功能是产品的本质，而产品的具体内容只是功能的实现形式。

（4）最好能用多种词语描述功能，以便于对产品系统进行创新。

对功能的描述就是用简明、准确的语言说出产品系统是干什么的。描述分为：直觉描述和抽象描述。TRIZ 要求对产品功能进行抽象化的描述。功能描述越抽象，越能引发更多的构想。我们用五官直觉描述其实表达的不是功能，而是功能执行的结果。比如对电风扇功能的五官直觉描述就是能消暑凉爽，对电风扇功能的抽象描述则是能使空气在我们周围空间里发生位移。任何产品都具有某种特定的功能，功能是产品存在的理由，功能附属于产品又不等同于产品，产品是功能的载体。功能可以描述为

$$F=S+V+O+P$$

其中，F 是功能；S 是产品系统的功能载体；V 是对 S 的行动动作；O 是作用对象；P 是 S 对 O 的动作后，被改变或保持的参数。

在明确功能载体 S 的情况下，可以将功能简化为

$$F=V+O$$

例如，汽车的功能 F=移位（运输）人或物；电线的功能 F=传输电流；房子的功能 F=保持温度；等等。功能描述图如图 3-1 所示。

功能的目的是改变或保持的参数，即

$$F=V+O+P$$

例如，汽车运输人或物就是人或物位置的改变；电线传输电流就是电流位置的改变；房子保持温度就是升高或降低温度才能保持。

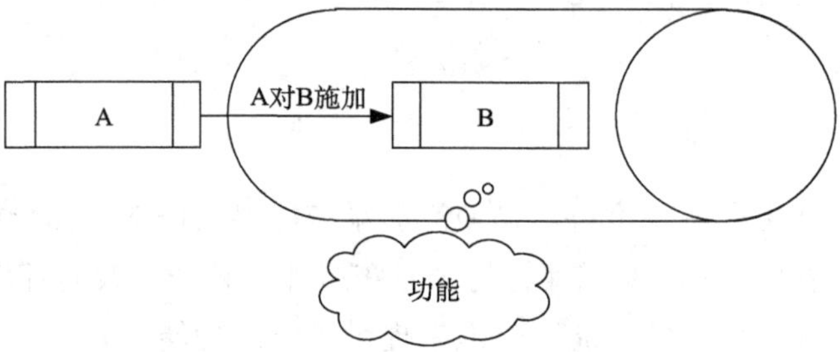

图 3-1　功能描述图

在 SVOP 中，定义功能的原则就是用两个词来说明，一个动词加上一个名词。动词回答“系统能做什么”的问题，关注点在于用途而不是产品本身。名词回答“系统作用的对象”，名词要可以度量。

施加的动作 V 是抽象的动词（表 3-1），不要使用大学专业术语和我们五官直觉描述出的词语。TRIZ 的功能描述，要求采用抽象方式表达，目的是通过多个抽象定义的方法来产生更多和更灵活的想法。大家也可以思考一下，如何抽象描述锤子、电饭煲的功能，填入表 3-2。

表 3-1　常用抽象描述功能动词 V

传递	沉淀	腐蚀	分解	加热	分离
加工	告知	聚集	破坏	连接	固定
拆解	移除	凝结	清洁	振动	吸收
移动	升高	降低	折弯	装配	组装
混合	支撑	蒸发	阻止	阻碍	转动

表 3-2　直觉描述与抽象描述产品系统的功能

产品系统	直觉描述	抽象描述
电风扇	消暑凉爽	能使空气在我们周围空间里发生位移
电吹风	吹干物体	改变空气在空间位置，带走水汽

续表

产品系统	直觉描述	抽象描述
放大镜	放大物体	改变光线行进方向
锤子	（大家思考）	（大家思考）
电饭煲	（大家思考）	（大家思考）

功能描述也不能加上“不”，作为否定动词。例如，我们不能说，汽车刹车片不让汽车行驶，而是应该说，汽车刹车片阻止汽车行驶；不能说，大坝上缺口不能阻止河水，而是说，大坝上缺口导引河水。

功能描述通过尽量多的抽象定义，来产生更多更灵活的创新想法。例如，锤子的功能描述可以是：能够传递能量，能够破坏物体。楼梯的功能描述可以是：能使物体升高的通道，能使物体降低的通道，能改变物体位置的通道，能使人攀爬的通道等。

功能描述越抽象，引发的创新想法就能越多。

按照功能的效果与期望，迈尔斯将功能进一步细分为：必要功能和不必要功能（图 3-2）。

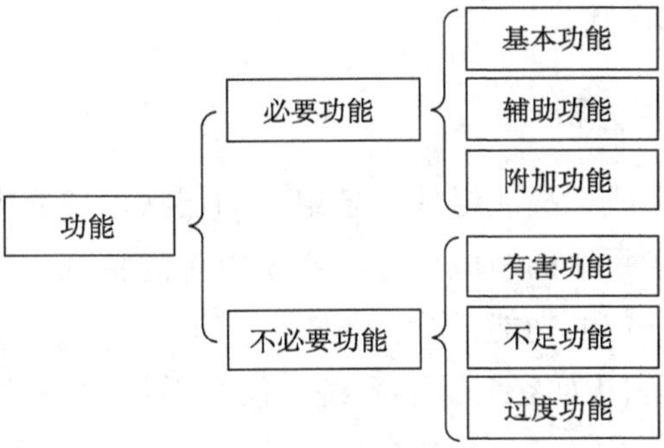

图 3-2　功能分类图

必要功能：指功能载体 S 对功能对象 O 的作用 V，可以按照期望的方向来改变功能对象的参数 P。对于必要功能，又可根据功能对象在系统中所处的功能层次不同，分为三种：①基本功能，是系统主要的、有用的功能，载体往往就是产品系统本身，其功能作用的目标就是产品技术系统的对象，是系统存在的意义和主要理由，比如我们回答“这个系统能干什么？”的时候，这个基本功能就是答案；②辅助功能，其功能作用的目标是系统组件，是用来保障基本功能的，是次一级的、有用的功能，比如我们回答“系统怎么来实现基本功能？”的时候；③附加功能，也是为了保障基本功能实现的，其功能作用的目标是系统或超系统的子系统，比如我们回答“系统还能做什么？”的时候。

不必要功能：指功能载体 S 对功能对象 O 的作用 V 时，出现不好的偏差，没能按照人们期望的方向改变功能对象的参数 P。不必要功能也有三种：①有害功能，指功能载体 S 对功能对象 O 产生了有害的作用 V；②不足功能，指功能载体 S 对功能对象 O 的作用 V 产生了改变，但是实际改变值远远小于预期的改变值；③过度功能，与不足功能相反，指功能载体 S 对功能对象 O 的作用 V 产生的实际改变值远远高于预期的改变值，而这种高于预期的改变虽未达到有害程度，但也不符合我们的预期。有害功能、过度功能和不足功能都无法满足功能载体对作用对象的正常功能，因此都是产品系统中的不利因素。

二、系统功能分析

功能分析工作：要先对已有产品系统进行分解，再确定产品技术系统所提供的基本功能，明确各子系统（系统组件）的有用功能及对产品基本功能的贡献，建立功能模型、整理功能关系、分析研究改善功能结构。

我们可以分为 3 个步骤来进行：系统组件分析，描述系统组成及各组件的层次，建立组件模型；描述各系统组件相互作用分析，建立结构模型；用规范化的功能描述，解释整个技术系统所有组件之间的相互作用关系以及如何实现系统各个功能的，建立功能模型。

1. 第一步，系统组件分析

描述系统、系统的组成，描述组件、各组件的层次，建立组件模型。

系统组件是产品技术系统的组成部分，系统组件的特征：

（1）系统组件具有一定的功能；

（2）系统组件可以等同为系统的子系统，包含系统内部的子系统和系统外部的超系统。

系统组件分析是了解产品技术系统的过程，通过分析系统的组件和功能间的作用关系、系统的组件与超系统间的作用关系，从而寻找确定技术上的矛盾和功能上的限制，有针对地优化技术系统功能，或减少实现功能的消耗，使系统用很少的成本获得更大的收益，进行系统裁剪、修改、创新，达到提升系统的目的。分析研究后能得出系统组件列表。

系统组件分析要解决的问题：

（1）产品技术系统是由哪些子系统组成的；

（2）具体包括系统作用对象、系统组件、系统组件的组件（如有必要），以及和系统组件发生相互作用的超系统（系统外部）组件；

（3）分清系统与子系统。

我们进行功能分析一般分析到系统组件这一级就可以了，当然必要时也可根据实际需要进一步将个别系统组件拆分为系统组件的组件。为了便于分析研究，系统组件数量最好为10个左右，不宜太多也不宜太少。

超系统组件是系统外部的，能够对系统产生影响的子系统。所以超系统是客观的、外部的、不可控的、环境的因素，其本身不是系统内部的组成部分。超系统组件与系统组件的一个根本区别在于不可控，即超系统不能被我们创新，即不能改进、控制、修改、删除或重新设计。这在系统功能分析时很有用，例如，如果分不清某系统组件到底属于系统组件还是属于超系统组件，我们就看看该系统组件能否被创新，即能否被改进、控制、修改、删除或重新设计，如果能，就是系统组件；如果不能，就是超系统组件。图3-3为系统、子系统和超系统图。

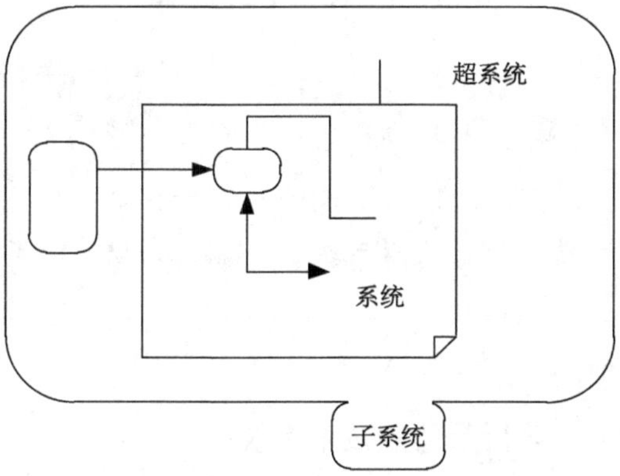

图3-3　系统、子系统和超系统图

超系统组件的特点如下：

（1）我们不能对超系统创新，即不能改进、控制、修改、删除或重新设计；

（2）超系统也可能使我们的系统出现问题；

（3）超系统可以作为系统的资源，也可以作为解决问题的工具。

识别超系统组件是很重要的，在产品生产的各个阶段，典型的超系统组件有：生产阶段的工业设备、原材料、生产场地、环境等；使用阶段的产品、消费者、使用环境、能量源、与对象相互作用的其他系统等；储存和运输阶段的交通运输设备、包装、仓库、储存环境等；与技术系统作用的外界环境如空气、阳光、水、灰尘、热场、磁场、辐射、重力场等。

把以上分析填写进系统组件列表，就可以对系统的全部组件进行梳理。系统组件列表如图3-4所示。

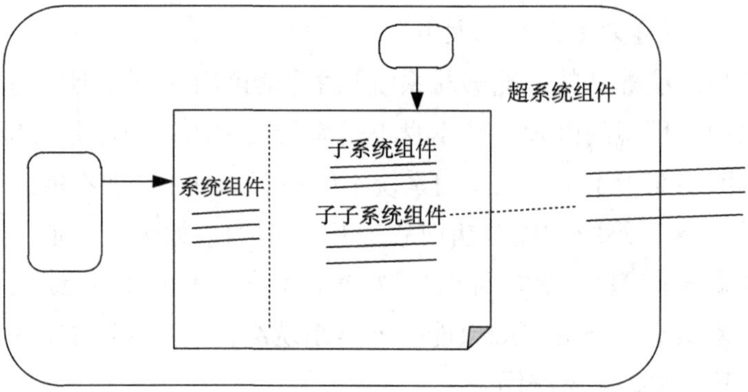

图 3-4　系统组件列表图

【行动小贴士】

在对超系统进行分析时，一定记住：

- 超系统不能改进、控制、修改、删除或重新设计，即不能创新；
- 我们只考虑对系统有影响的超系统。

建立组件模型的原则：

（1）在特定的条件下，分析具体的技术系统；

（2）根据技术系统组件的层次，我们可以建立组件模型；

（3）根据层次等级，我们可以建立组件模型；

（4）组件模型包含了超系统的某些组件，我们只考虑对系统有影响的超系统，该组件需与系统组件有相互作用关系；

（5）技术系统生命周期的不同阶段，可建立独立的不同的组件模型；

（6）技术系统生命周期的不同阶段，具有不同的超系统。

【应用实例 3-1】

分析眼镜的系统组件

眼镜的系统组件有：镜架、镜片

眼镜的子系统组件有：螺丝、镜框、镜腿

眼镜的子子系统组件有：金属杆、塑料套、螺丝

眼镜的超系统组件有：眼睛、鼻子、耳朵、光线

系统的作用对象：光线

基本功能：折射光线

【应用实例 3-2】

分析可乐瓶的系统组件

系统：可乐瓶

可乐瓶的系统功能：存储

可乐瓶的组件：瓶子、可乐、标签、瓶盖、人、桌子、外界环境

可乐瓶的组件功能：瓶子支撑可乐、标签通知人、瓶盖密封可乐

可乐瓶的系统组件、超系统组件、子系统组件和系统相互作用关系如图 3-5 中的节点所示。

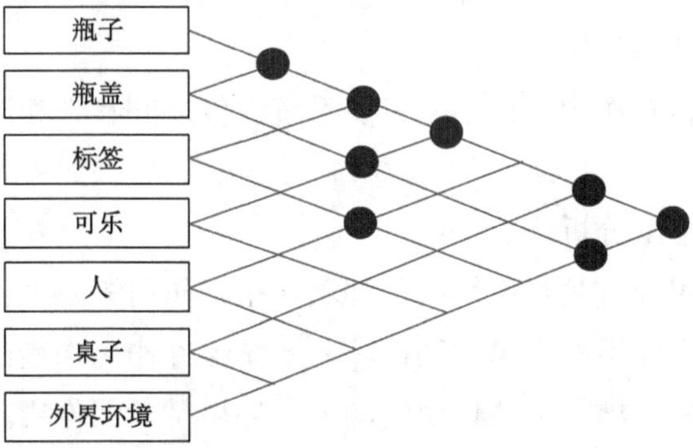

图 3-5　系统组件、超系统组件、子系统组件和系统相互作用关系图

我们可以用鱼刺图和思维导图来帮助分析。

鱼刺图和思维导图都是一个图形化的、非定量的、帮助我们层层分析的工具，它们可以帮我们找出引起问题的多方面、多角度、多层次的原因，从而分析出我们没有意识到的、没有发现的原因，甚至找到问题的潜在原因和根本原因。

【练习】分析中性笔的系统组件。

2. 第二步，相互作用分析

描述各系统组件相互作用分析，建立结构模型图。图 3-6 为各组件之间的相互作用关系图。

相互作用分析是为了全面识别在某一时刻系统组件及超系统组件之间的相互关系，以及辨别这些关系的性质。

分析、描述系统组件间的相互作用：

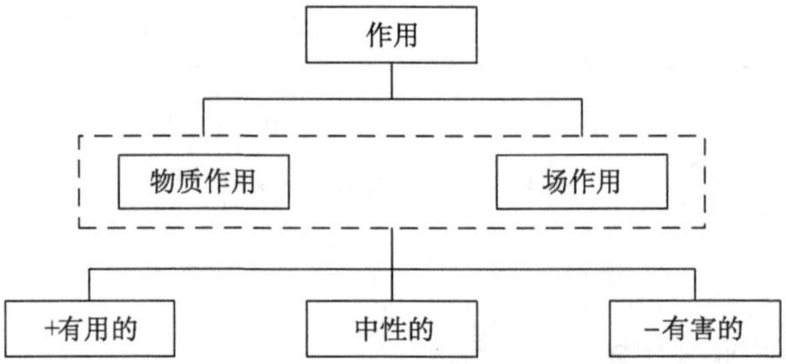

图 3-6　各组件之间的相互作用关系图

（1）找出某个时间、某个空间内的相互作用；

（2）相互作用时，产生了哪些有用作用；

（3）产生了哪些有害作用；

（4）产生了哪些其他作用。

这里要记住，在相互作用分析中，只要系统组件之间存在相互作用，就必须全部纳入考虑。

我们运用矩阵表格来分析。

系统组件相互作用分析是将系统组件都填入相互作用矩阵表格的行和列中。一般是：行，填入系统组件作为作用的对象；列，填入系统组件作为作用的载体。依次检查两个系统组件间的相互作用，填写描述作用的动词，如果是负面作用，在后面要备注有害、不足或过度等字。

例如，某系统组件之间存在“移动”“摩擦”“跌落”“辐射”等作用，用表 3-3 和图 3-7 来说明这几个系统组件相互作用分析的过程。

表 3-3　系统组件相互作用分析表

编号	系统组件 1	系统组件 2	系统组件 3	系统组件……	系统组件……	系统组件 *m*
系统组件 1		摩擦	跌落（有害）			
系统组件 2			移动			
系统组件 3	移动					
系统组件……		摩擦（有害）				辐射
系统组件……						
系统组件 *m*			辐射（有害）			

系统组件间相互作用分为两种：一种是物质和物质之间的作用，这样的作用是双向的，如系统组件 1 和系统组件 2、系统组件 1 和系统组件 3，这两个作用都要考虑，根据需要选择出主要作用；另一种作用是物质与场之间的作用，这样的作用是单向的，一定

要注意方向，千万不能搞错。如本例中系统组件 3“辐射”系统组件 m，如果填写为系统组件 m“辐射”系统组件 3 就错了，方向反了。

系统组件相互作用分析表

编号	系统组件1	系统组件2	系统组件3	系统组件……	系统组件……	系统组件m
系统组件1						
系统组件2						
系统组件3						
系统组件……						
系统组件……						
系统组件m						

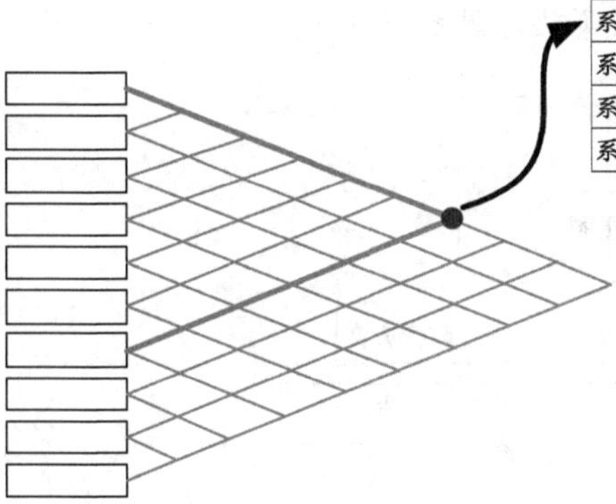

图 3-7　系统组件相互作用分析图

【应用实例 3-3】

分析眼镜系统组件相互作用

眼镜、自己的鼻子和耳朵是物质间的双向作用。

眼镜与眼睛的关系是场作用，单向的。

自己练习绘制眼镜系统组件相互作用分析表和眼镜系统组件相互作用分析图。

3. 第三步，建立功能模型，画出系统功能模型图

功能模型是用关系矩阵方式，解释系统组件之间的相互关系、描述整个系统所有组件之间的相互作用关系以及如何实现系统各个功能的，有助于我们对系统进行深入分析。

（1）功能模型是基于关系矩阵的；

（2）用规范化的功能描述；

（3）展示各个组件间的所有功能关系。

建立模型原则：

（1）对特定条件下的具体技术系统进行功能陈述；

（2）在功能描述中必须有动词反映该功能；

（3）功能存在的条件是作用改变了功能载体的参数；

（4）功能描述包括作用与功能载体；

（5）在描述功能时可以增添作用区域、作用时间、作用方向等。

下面我们用一些实例来学习上面的三个步骤。

【应用实例 3-4】

眼镜系统功能分析

前两步已经描述了，这里我们看看构建的功能模型，见图 3-8。

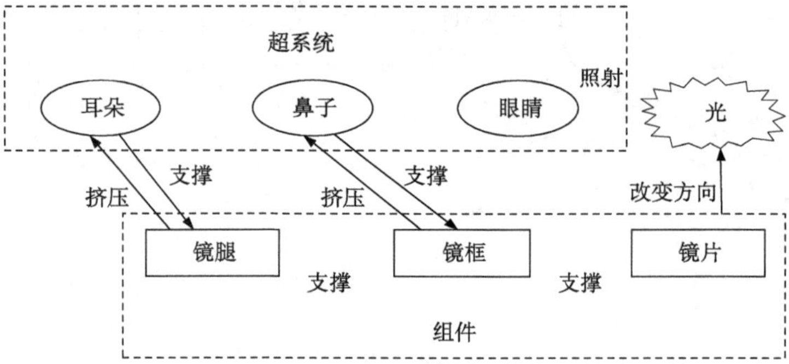

图 3-8　眼镜功能模型图

【应用实例 3-5】

手机系统功能分析

第一步：进行系统组件分析，绘制系统组件列表。

为简化分析，只将手机分成三个系统组件：屏幕、按钮和机壳。其实，如果继续分下去还可以有更多系统组件，例如机壳里面还可以分为电池、电子元件等，但不一定有必要。

超系统组件选择了手、耳朵和光线。

根据上述分析，填写系统组件列表，如表 3-4 所示。

表 3-4　手机系统的组件列表

超系统组件	系统组件	系统组件的组件
手	屏幕	
耳朵	按钮	
光线	机壳	电池
		电子元件

第二步：根据系统组件间的相互作用绘制相互作用分析表。

在分析相互作用的时候尽量考虑全面，但在绘制功能模型的时候，可以忽视一些不关键的作用，完整的系统组件相互作用分析表如表 3-5 所示。

表 3-5　手机系统组件相互作用分析表

编号	屏幕	按钮	机壳	手	耳朵	光线
屏幕				摩擦		
按钮	控制			摩擦		
机壳	支撑	支撑				
手	控制	挤压	支撑			
耳朵						
光线	照射		照射（有害）			

第三步：绘制功能模型图。绘制功能模型图的时候要对照相互作用分析表。去掉忽略的两个“控制”作用之后，矩阵中还剩下 8 个作用，这样功能模型图中应该有 8 条线。如果数量不一致，就要看一下是否有遗漏。自己可以练习绘制手机系统的系统功能模型图。

【应用实例 3-6】

菜刀系统功能分析

我们用菜刀切菜时，因液体和固体之间产生的附着力，一些食材经常附着在刀面上。我们常常运用人工方式处理此问题，增加了切菜动作、时间和劳动强度，降低了切菜的效率。用切西瓜来分析和解决食材附着刀面的问题，并提出相应的解决方案。

识别问题：

切西瓜系统组件和功能说明：先把洗好的西瓜放在刀板上，切西瓜，同时用刀移开切下的西瓜片，以便下一步切割动作继续。

有害功能说明：如图 3-9 所示，菜刀向下切西瓜之后再提刀时，刀面就粘贴切下的西瓜片，此问题引发重复切割西瓜切片，影响切菜动作、时间和劳动强度。

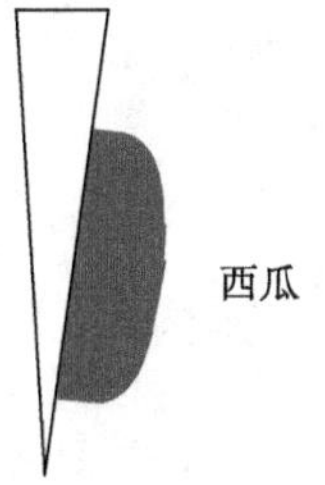

图 3-9　刀面粘贴西瓜片

选择问题冲突区域，展开功能分析（图 3-10）。

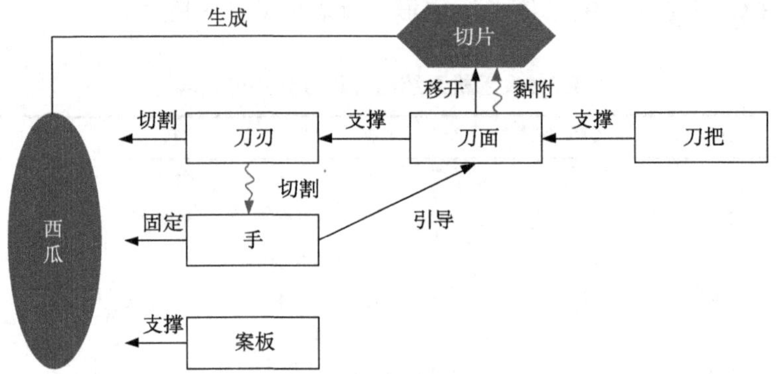

图 3-10　菜刀功能模型图

（资料来源：国家技术创新方法与实施工具工程技术研究中心 http://www.triz.com.cn/）

三、系统裁剪

系统裁剪是在我们找到系统中某个价值最低的组件时，直接裁剪掉，但是应该把它有用的功能提取出来，让系统中的其他系统组件（包括新引入的系统组件和原有系统组件）或超系统去完成这个功能，从而达到高效、有用、降低成本、提高产品理性度、感性度和满意度的目的。

系统裁剪目的是裁剪掉产生有害功能的部分，降低了成本，保留住有用的功能，如图 3-11 所示。

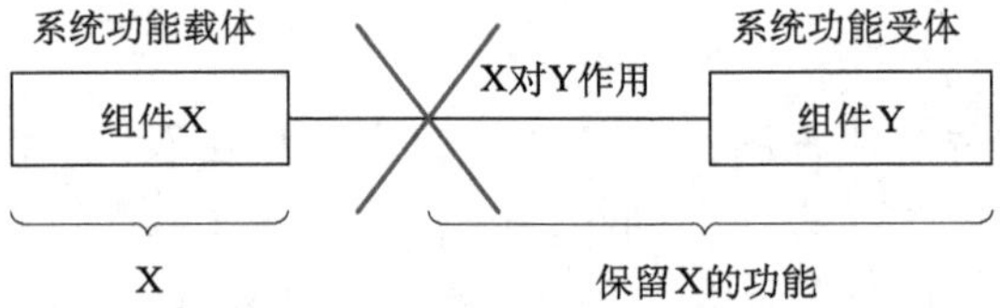

图 3-11　系统裁剪

系统裁剪要能实现如下 7 个目的：

（1）精简系统组件数量；

（2）降低系统组件成本；

（3）优化结构，再次合理设计系统架构；

（4）提升功能价值；

（5）提高实现功能效率；

（6）消除过度、有害、重复的功能，提高系统理性化、感性化和理想化程度；

（7）更好地利用系统内外部资源。

实施系统裁剪的 5 个步骤如下。

第一步：系统组件分析，描述组成系统的组件；

第二步：构建相互作用关系，描述组件之间的相互作用关系；

第三步：构建功能模型；

第四步：确定裁剪系统组件，根据组件功能价值及系统需要确定准备去掉的组件；

第五步：实施裁剪，选择裁剪策略，构建解决方案。

前三个步骤与系统功能分析、构建系统功能模型的步骤一致，我们这里主要学习后两步。

【行动小贴士】

行动前，我们要考虑到

- 我们需要这个组件的功能吗？
- 有没有其他组件也能实现该功能？
- 现有的资源能不能实现该功能？
- 能不能有成本更低的方法来实现这个功能？
- 该组件与其他组件是不是存在必要的关系？

为了解决这些问题，我们归纳出系统裁剪的几个原则：

（1）要能降低成本。选出成本高的相关系统组件。

（2）要专利规避。选出专利权利声明的相关系统组件。

（3）能改善系统。选出有主要缺点的系统组件。

（4）能降低系统复杂度。选出高复杂度的系统组件。

如何裁剪？

如图 3-11 所示，我们将系统组件 X 作为系统功能的载体，系统组件 Y 作为系统功能的受体，则系统组件 X 对 Y 存在某种功能。若确定裁剪掉系统组件 X，则可以按照以下四个常用实施策略进行裁剪。

裁剪策略一：唇亡齿寒

若移除作用对象 Y，则作用对象 Y 也就不需要系统组件 X 的作用了，此时功能载体 X 可被裁剪，如图 3-12 所示。

图 3-12　系统裁剪策略：唇亡齿寒

【应用实例 3-7】

水果刀系统裁剪策略

我们要用一把精致的水果刀切水果，结果客人说不吃水果了（水果被裁剪掉了），那么水果刀就可以收起来了，因为已经用不上了，这用到的就是策略一。

裁剪策略二：自力更生

若 Y 能自我发挥完成 X 的功能，则 X 就可以被裁剪，其功能由 Y 自行完成，如图 3-13 所示。

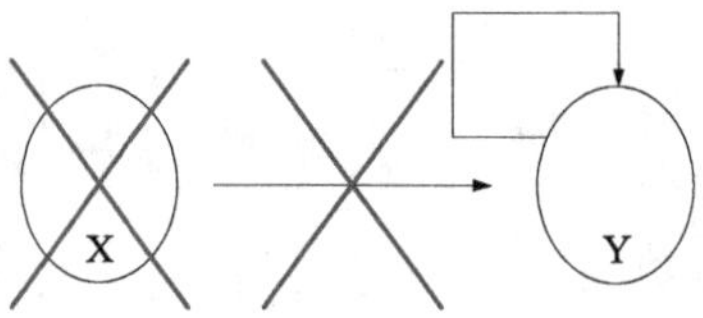

图 3-13　系统裁剪策略：自力更生

续应用实例 3-7，如果水果可以自己变成小块（水果自服务），比如客人要圣女果而不是大番茄，那么也就不用刀了（刀被裁剪），这用到的就是策略二。

裁剪策略三：移花接木

技术系统或超系统中的系统组件 Z 可以完成功能载体系统组件 X 的功能，那么系统组件 X 可以被裁剪掉，其功能由系统组件 Z 完成，如图 3-14 所示。

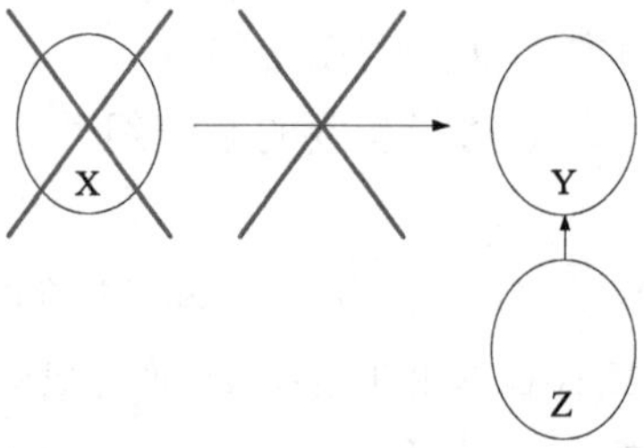

图 3-14　系统裁剪策略：移花接木

裁剪策略四：鸠占鹊巢

裁剪策略三里的系统组件 Z 是系统中已有的，我们当然也可以从系统外新引入，用新引入的系统组件 Z 完成功能载体系统组件 X 的功能，那么系统组件 X 也可以被裁剪掉。

【应用实例 3-8】

菜刀系统裁剪策略

如果厨房里还有菜刀，或者水果切割器等，那么也可以不用水果刀（被裁剪）；菜刀是厨房中本来有的，而水果切割器是网购来的，原来厨房里没有，这就是策略三和策略四。

【应用实例 3-9】

眼镜系统裁剪策略

眼镜系统里，面对所有组件，最低价值功能的组件是什么？是镜腿。我们可以从镜腿开始裁剪。

镜腿的基本功能是为了支撑镜框。

我们来寻求裁剪解决方案。

实施策略一：去掉镜框（因此镜框不需要支撑作用）。

实施策略二：镜框自我完成支撑作用。

实施策略三：眼镜系统中其他组件，直接完成支撑镜片的作用；超系统组件里手、鼻子、眼睛等完成支撑镜框作用。

我们先选择实施策略三，用超系统组件里的鼻子或手来支撑镜框，刚发明眼镜时就是这种无腿手拿的眼镜。

继续看剩余的组件中，镜框是辅助的、低价值的组件，可以再裁剪镜框。

镜框的功能是为了支撑镜片。

再根据实施策略，逐一寻求裁剪镜腿的解决方案。

实施策略一：没有镜片（因此镜片不需要支撑作用）。

实施策略二：镜片自我完成支撑作用。

最终，我们选择实施策略三，试试用超系统组件里的眼睛，来完成支撑镜片的作用。

这就是隐形眼镜。我们发明了隐形眼镜，图 3-15 为隐形眼镜功能模型图。

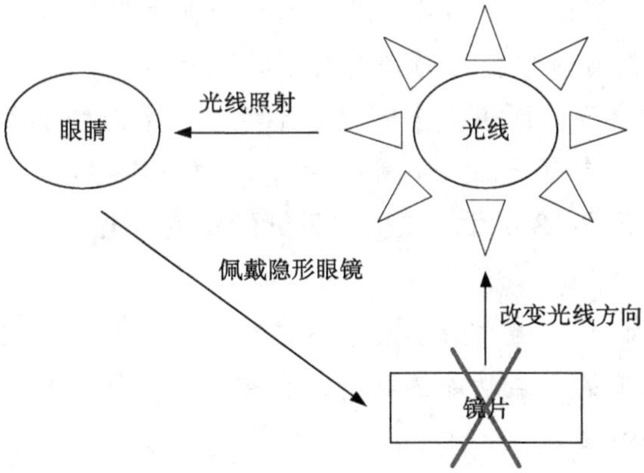

图 3-15 隐形眼镜功能模型图

继续裁剪，我们又发明了激光治疗近视眼手术，图 3-16 为激光治疗后眼睛功能模型图。

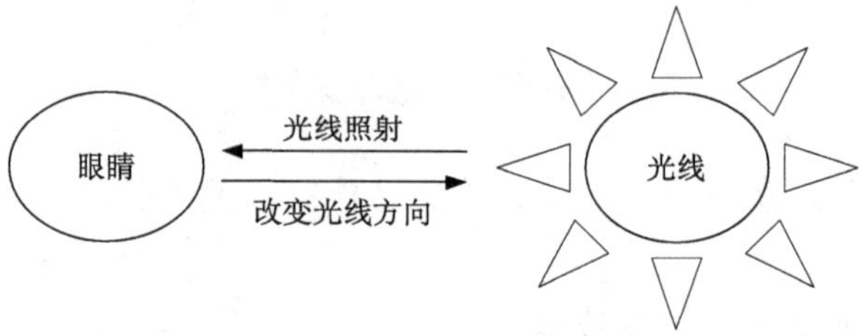

图 3-16　激光治疗后眼睛功能模型图

大家课后思考：新的问题又产生了，我们继续裁剪，眼睛还能被裁剪掉吗？图 3-17 为眼睛视神经功能模型图。

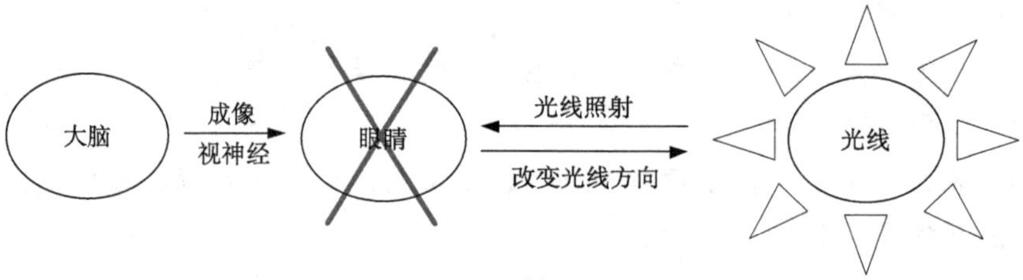

图 3-17　眼睛视神经功能模型图

【应用实例 3-10】

菜刀系统裁剪策略

问题 1：菜刀子系统的刀刃切开西瓜，同时刀面上附着西瓜片。

问题 2：又能看到有时出现刀刃损伤左手的现象。

第一个问题继续展开，而第二个问题暂不考虑。菜刀切割西瓜作用之后，产生有益产品（切好的片）和有害产品（附着的片），如图 3-18 所示。

有害功能描述如图 3-18 所示，在提刀刃继续切的过程中，刀面附着西瓜切片在刀面区域内。

如何消除附着的切片，避免影响后续的切割行为，我们需要解决这个有害作用。

菜刀具有切割西瓜的有益功能的同时，也有吸附了西瓜片的有害功能。

有益技术系统与有害技术系统。

假设 1：切割西瓜时，刀面与切片发生接触，如接触面积较小，就能使附着力变小，在不改变刀的高度和长度的条件下，如何减少接触面积？

假设 2：切割西瓜时，刀面与切片不发生接触，不会产生附着力。那么如何做到刀面与切片不发生接触呢？

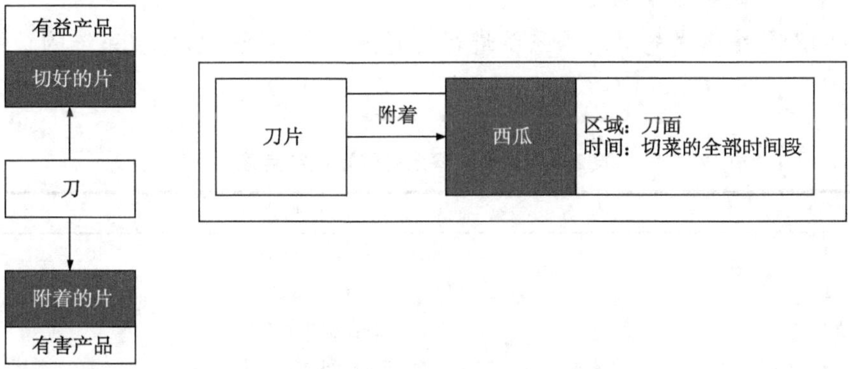

图 3-18 菜刀切西瓜产生切好的片和附着的片

解决方案一：导入了另一只手，可以消除切片的附着现象，但带来系统的复杂和效率的降低。

解决方案二：假设切割西瓜时，刀刃切开西瓜，且刀面与切片不发生接触，就不会产生附着力。此假设直接避免问题冲突的发生。当刀面的厚度薄于刀刃部位的厚度时，能够满足上述假设。从刀刃到凸起刀面部分，很显然也存在切片附着问题，不过接触面积已大大减少，且用假设 1 中的方案，可解决。

优化、考虑和比较两个方案得到最终解决方案，可采用两者选一或两者合一方案。从实际产品和效果考察，采用两者合一的方案较多。

【应用实例 3-11】

灌装油漆系统的问题分析

某工程机械企业运用这套灌装油漆系统在零件的表面涂上一层油漆。这个系统的工作原理如下所述。

当油漆箱内油漆不断被使用，浮标也不断下沉。下沉过程中，浮标带动着杠杆运动，当碰到开关的瞬间，开关立刻接通了电源，电机通电，带动泵，把油漆桶中的油漆注入油漆箱里，浮标带动杠杆运动，脱离开关，开关关闭电源，电机停止工作，油漆箱里的油漆恢复到盈满状态。这与抽水马桶的原理很像。

我们发现的问题是：油漆长时间暴露在空气中会挥发变干，粘贴在浮标上，导致浮标粘贴的油漆越来越多、越来越重。带着油漆疙瘩的浮标不能正常工作，当油漆过量注满油漆箱时，过重的浮标不能正常浮起，从而导致油漆溢出。怎么解决这个问题呢？

常规创新思路解决这个问题可以：装一个液位传感器；定期清理或更换浮标；在浮标上涂上不沾涂层……这些方法都会增加成本和增加维修工作。我们试试用 TRIZ

思维模式来解决改善这个问题。

用 TRIZ 思维模式先对这个系统进行功能分析，整理分析发现系统的功能缺点，如表 3-6 所示。

表 3-6　灌装油漆系统的功能缺点表

序号	功能缺点
1	浮标移动杠杆不准确
2	油漆粘贴浮标
3	杠杆控制开关不准确
4	开关控制电机不准确
5	电机控制泵不准确
6	泵移动油漆不准确
7	油漆移动浮标不准确
8	油漆干燥

用 TRIZ 思维模式分析，关键缺点有：油漆粘贴在浮标上、杠杆不能正常工作、杠杆控制开关失效、油漆干燥等。那么我们要解决的关键问题也就是：

如何不让油漆粘贴在浮标上？油漆不粘贴在浮标上，浮标才能正常带动杠杆工作。

如何让杠杆正常工作来准确控制开关？开关正常工作，问题才能解决。

如何保障空气有足够的湿度？空气有了足够的湿度，能使油漆不变干。

我们试试用 TRIZ 思维模式的剪裁方法。将有问题的组件剪裁掉，被剪裁掉组件的功能看看能否用其他组件来代替。

本例最大的问题是：油漆粘贴在浮标上太多太重，杠杆不能正常工作，所以我们从这里出发，将浮标和杠杆作为被裁剪的组件。

浮标功能是带动杠杆工作，杠杆工作来控制开关。裁剪去掉浮标和杠杆后，当油漆满了时，怎么能启动开关呢？我们看看是否可以在桶底放一个压力传感器来完成这个功能。

我们还可以再裁剪。继续裁剪掉其他组件，比如裁剪掉开关、电机、泵。现在，系统只剩这几个组件了：油漆、油漆桶和油漆箱。

我们需要重新设计一个新的组件来完成移动油漆的功能。

我们可以利用重力和空气产生的虹吸现象，试试是否可以用这个物理原理。当油漆满时，重力和大气压的作用阻止油漆从桶再进入箱里；当油漆低于一定位置时，油漆箱和空气的压力不足，阻止解除，油漆从桶中流出。

这个案例，我们用了简单的物理方法，就解决了油漆控制的问题。

第三节 因果分析

解决系统问题先要分析原因。系统因果分析是依据系统发展变化的有因有果关系，整理出系统发展变化的内因与外因的相互关系。

因果分析方法给我们展示出问题是如何发生，又是如何发展、蔓延的。我们这里学习常用的6种因果分析方法（表3-7）。

表3-7 因果分析方法

定性分析法	定量分析法
5W1H分析法	故障树分析法
鱼刺图分析法	
因果矩阵分析法	
思维导图分析法	
因果轴分析法	

一、5W1H分析法

5W1H分析法是一个非定量的工具。

1948年，美国人拉斯维尔先提出“5W分析法”。人们在运用里不断改进，加入“How”，发展成为现在的“5W1H”模式。

我们认识、分析问题时，都可以从原因（何因Why）、对象（何事What）、地点（何地Where）、时间（何时When）、人员（何人Who）、方法（什么方法How）6个方面展开，提出问题，思考问题，分析问题，不断提问，直到一个新的故障模式被发现时为止。

【应用实例3-12】

机器停转的5W1H分析法应用

一位企业老总看到某生产线的机器经常停转，修过多次仍不见好转。于是他是这样用5W1H分析法提问的（表3-8）。

表3-8 5W1H分析法实例1

老板	工程师	提问
Q：为什么机器停了？	A：保险丝断了。	
Q：为什么保险丝断了？	A：因为超过了负荷。	深入
Q：为什么超负荷呢？	A：因为轴承的润滑不够。	深入

续表

老板	工程师	提问
Q：为什么润滑不够？	A：因为润滑泵吸不上油来。	深入
Q：为什么吸不上油来？	A：因为油泵轴磨损、松动了。	深入
Q：为什么磨损了呢？	A：因为没有过滤器，铁屑等杂质进到里面。	深入
解决办法：在油泵轴上安一个过滤器。		

需要注意，提问一定要不断深入，不能在原地打转。不然就会出现下面的笑话，如表 3-9 所示实例。

表 3-9 5W1H 分析法实例 2

股民甲	股民乙	提问
Q：为什么买股票？	A：能涨！	
Q：买后呢？	A：跌了。	深入
Q：然后呢？	A：卖了。	深入
Q：为什么卖啊？	A：以为还会跌！	深入
Q：卖后呢？	A：涨了。	循环
Q：再然后呢？	A：又买了。	深入
Q：为什么又买呢？	A：以为还会涨！	深入
Q：然后呢？	A：又跌了。	循环

这个例子的问题原地打转了，这样的提问毫无价值，找不到问题的根本原因，出现了笑话。

二、鱼刺图分析法

鱼刺图分析法也是非定量方法。

按照该方法思路，可以帮助我们找出问题产生的根本原因，这个原因可能是已经存在的，也可能是潜在的。鱼刺图是一种发现产生问题“根本原因”的方法。

使用鱼刺图的步骤：分析问题原因（结构），绘制鱼骨图。

1. 分析问题原因（结构）

（1）针对问题点，选择人员、机器、材料、方法、环境、测量等不同的方面；
（2）按头脑风暴法，分别对各方面找出尽可能多的，甚至所有可能原因（因素）；
（3）描述各因素，表达准确；
（4）将找出的各因素进行归类、整理、分清从属；
（5）分析出一些重要因素。

【行动小贴士】

分析要点：

- 确定大方面（主干刺）时，生产企业一般从人员、机器、材料、方法、环境、测量等几个方面着手；管理问题一般从计划、组织、领导、控制、人员、财务、物品、信息等几个方面着手；不同问题，应根据具体情况来决定。
- 主干刺用中性词描述（不说明好坏）；中、小要因可以使用判断词（如……不良）。
- 头脑风暴时，应尽可能多而全地找出可能影响因素，可以天马行空打开思维，不受现实情况或现在技术的制约，可以设想、幻想和假设。
- 选取重要因素时，不要太多，一般 7 项即可，并且标识出最底层因素。

2. 绘制鱼骨图

（1）确定主干刺和鱼头，鱼头表示需要解决的问题。

（2）其次是画出几条支线刺，支线刺在主干刺两侧，分别表示问题分析的几个方面。支线刺分别为人员、机器、材料、方法、环境、测量，即 5M1E。

（3）运用头脑风暴等方法尽可能地找出每个方面的所有可能原因，去除重复和无意义的内容。

（4）对找出的各项原因进行分类、整理，确定前因后果和从属关系，选取重要因素。

（5）按照因果关系顺序，依次画出支线刺中的大刺、小刺，分别填写原因，并对重要的原因做出标识。

（6）对鱼刺图进行优化整理。

（7）根据鱼刺图进行讨论。完整的鱼刺图如图 3-19 所示。鱼刺图不是用数值表达的定量图，而是用词语描述的，因此，能很好地描述定性问题。鱼刺图的使用者要有丰富的实践经验，每个成员能完全表达自己的意见，所有人的观点没有高低贵贱之分。

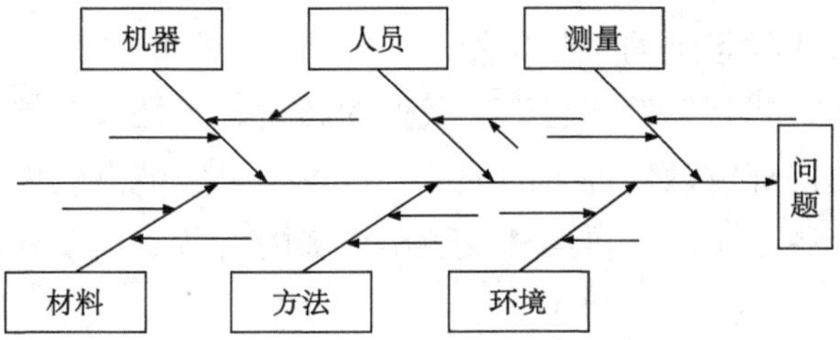

图 3-19　鱼刺图分析法

三、因果矩阵分析法

因果矩阵分析是在鱼刺图的基础上，用矩阵的形式对鱼刺图分析中不清晰的表达、不方便处理的复杂问题给予进一步分析的工具。用矩阵表示出多个维度，并且分析量化。

因果矩阵分析有 6 个步骤：

（1）在矩阵图的上方横栏填入各个缺陷形式。

（2）给出每个缺陷形式的重要度，用权重 1～10 表示，10 代表重要程度最高。

（3）在矩阵图的左侧竖栏，列出所有可能的影响因素。

（4）评价每个输入变量或影响因素与各个输出变量或缺陷的相关关系。矩阵图中的单元格用于表明该行对应的输入变量的相关程度，一般将这种相关程度分为 4 类，并按照相关程度的高低自行赋分。

（5）评价过程输入变量或影响因素的重要程度，将每个输入变量对应的相关程度得分值乘以该输入变量对应的输出变量的权重数，然后将每一行的乘积加起来，这个结果代表了该输入变量或影响因素的权重。

（6）考察每个输入变量或影响因素的权重数，权重较高的将是项目重点关注的对象。

四、思维导图分析法

思维导图（mind map），又叫心智地图、概念地图、树状图、树枝图或思维地图，是描述发散性思维的比较有效、实用的图形思维工具。

思维导图是英国人托尼·博赞（Tony Buzan）创建的。思维导图图文并茂，用图表示我们对一个问题的思考分析过程，用文字描述各个节点上思维的主题关键词，分层级、分主题寻找关系因素，用图、颜色把隶属、关系、层级和关联表现出来，建立思维链接。

思维导图充分运用了左右脑的机能，利用我们的认知、思维习惯、记忆、阅读、分析，在科学与艺术、逻辑与想象之间寻觅平衡，开发大脑的无限潜能。

思维导图也具备人类思维的一些功能。

我们擅长的思考方式是发散式思维，我们的感觉、记忆或是想法都可能设定成一个思考中心，并从中心向外发散出许多的关节点，每一个关节点代表一个联结，而每个联结又可以成为另一个中心主题，再向外发散出许多的关节点，使我们的思考过程呈现出放射性立体结构。

“创新问题”思维导图如图 3-20 所示。

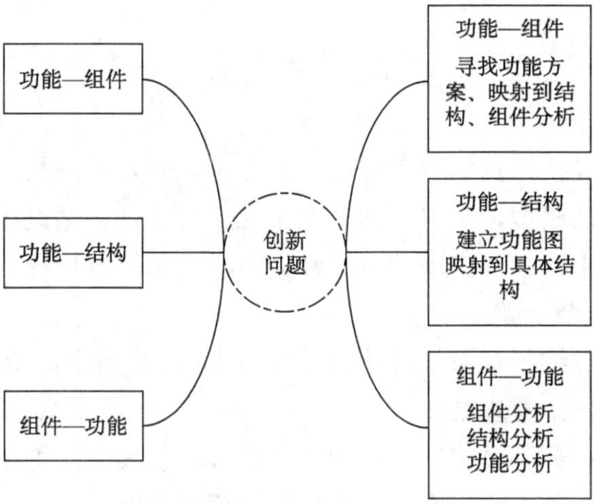

图 3-20 “创新问题”思维导图

五、因果轴分析法

因果轴分析的步骤：

（1）原因轴分析。可以用鱼刺图思维导图方式分析产生问题的原因，找出一层一层的原因，深层次的原因。

（2）结果轴分析。在轴上找出系统的边界。

（3）规范化描述因果的原因。与功能描述一致，功能 F=S+V+O+P。

（4）选择解题的关键点。

这里注意几点：

（1）确定问题的根原因，优先确定最底层的原因为根原因，如果能够从根原因上解决问题，优选根原因；如果解决不了问题，就解决提出问题的人（具体内容见延伸阅读）。

（2）如果分析到最底层，不能进行下去了，那么沿原因轴再向上层结果逐个检查分析，找到第一个可以改变或控制的原因节点，我们可以将其定为根原因；根原因可以是一个，也可以是多个，一般不超过 5 个。

（3）比较消除不良影响的成本与消除原因的成本，如果低，那么选择结果节点。

（4）如果选了多个问题关键点，那么可以优先选择其中具备较容易实现、周期较短、成本较低、技术成熟的原因节点。

总结一下，根本原因与结果之间一定存在因果关系，构成一条或多条因果关系链，因果分析就是通过构建因果关系链指出事件发生的原因和导致的结果的分析方法。

因果分析的目的：发现问题产生的根本原因；寻找解决问题的关键点；寻找切入点。

六、故障树分析法

故障树分析法是寻找缺点的有效分析工具，可以做定性分析，也可以做定量分析。故障树作为分析故障的模型，可以评估其安全性、可靠性。通过树模型层层分析，定性定量地描述不希望发生的故障出现的可能性大小，为系统改进提供依据。

故障树分析有 10 个步骤：

（1）熟悉系统：详细了解系统，绘出系统技术图、工艺图、流程图或布置图。

（2）收集故障案例：整理统计。

（3）确定顶事件：最不希望发生，但是又比较容易发生，如果出现后果非常严重的故障事件即为顶事件。分析所有案例，从中找出顶事件。

（4）看看这个顶事件是否还能进一步分解，一步步找出相关联的子事件。

（5）调查与事件故障有关的所有原因，所有影响因素。

（6）画故障树：从顶事件起，逐级找出事件原因、影响因素、子事件，直至分析不能再进行为止。按逻辑关系一层层画出故障树。

（7）分析简化故障树结构。

（8）确定事件故障发生概率，可以直接标注在故障树模型上。

（9）比较、分析、计算、整理，求出顶事件发生的概率。

（10）如果画出的故障树模型很大，也可借助计算机进行。

【延伸阅读】

既然解决不了问题，那就解决提出问题的人

1986 年 1 月 28 日美国“挑战者”号航天飞机升空时发生爆炸事故。

后来调查出的事故原因是：原定于 22 日发射，因故反复推迟，27 日发射场地区遭遇严寒，气温骤降。火箭助推器上的一个 O 形橡胶密封圈在低温状态下失去弹性，导致密封作用失效。

这起事故是完全可以避免的。固体火箭助推器的生产商莫顿-赛奥科公司的工程师们已经向上反映了 O 形橡胶圈在低温下可能失效的问题。

可是，NASA 需要保证航天飞机的发射进度，NASA 飞行中心的项目经理劳伦斯·马洛伊直接质问道：“你想让我们什么时间发射？明年四月吗？”一句话，堵住了科技人员的嘴。莫顿-赛奥科公司的主管副总裁成功“说服”了他的工程师团队改变观点，支持发射。

既然解决不了问题，那就解决提出问题的人。

因果轴分析里的这句话，就是出自这里。

科学是严肃的，我们要尊重客观规律。“挑战者”号并未尊重科学，既没有解决问题，也没有解决提出问题的人，为此付出了惨痛的代价。

再看看我国的北斗系统发射案例。

原定于2020年6月16日发射的北斗三号全球卫星导航系统最后一颗组网卫星，当天因技术原因被推迟发射了。

这是北斗工程最后一步，最后一颗星，是北斗系统建设全面完成的标志，其重要意义不言而喻。

因此，在发射前的最后一刻，顶着巨大的压力，能做出“中止发射”的决定，绝对不是一件容易的事情。我们不想让“挑战者”号升空爆炸的悲剧重演。

于是，既然问题解决不了，那就解决提出问题的人，果断推迟卫星发射，为解决问题争取时间。

正是因为深知意义重大，才更不能允许卫星带着问题上天。

周恩来总理1964年对国防科研提出的十六字方针是：严肃认真、周到细致、稳妥可靠、万无一失。

（资料来源：本文参考观察者网专栏作者石豪的文章）

第四节　资源分析

资源是一切能被人开发利用的物质、能量、信息总和。

理想解是没有任何客观限制，没有任何条件制约，在最理想状态下，用理想化来定义问题的最终解，即最终理想解（ideal final result，IFR），是所有产品技术系统不断创新发展的终极目标解。

TRIZ认为，资源是解决矛盾，寻求理想解的桥梁。资源在创新中担当着直接获得创意、解决问题矛盾、预示系统进化的重要角色。解决发明创新问题，必须指明“给定的条件”和要求“应得的结果”。

对系统的技术、生产、研究、经济、生活、历史、地理、军事等资源分析得越详细、越深刻，就越能接近问题的理性解、感性解和理想解。

$$解=\frac{\sum 有用功能}{\sum 有害功能+成本}$$

当我们追求资源消耗无限趋于零、有害功能无限趋于零、有用功能无限多时，这就是我们创新的目标——理想解。对理想解的更多解释见延伸阅读。

从公式上我们不难看出提高理想解的方向：

（1）增大分子，减小分母，理想解显著提高；

（2）增大分子，分母不变，理想解肯定提高；

（3）分子不变，分母减小，理想解提高；

（4）分子、分母都增加，但分子增加的幅度大于分母，理想解提高。

最终努力的方向是让理想解趋于无穷大。最终出现一个最理想的系统：基本没有成本，基本没有有害功能，却有无限多有用功能，并能执行其所有功能，这样的系统实际应该不会存在。

TRIZ 要求我们尽可能地列出系统涉及的所有资源。创新的实质就是对资源的合理应用。任何系统，只要没有达到理想解，就应该具有可用资源，就应该还有待开发的有用功能，就应该还有有害功能。

一、资源类型

我们理解的资源更多的是各种材料，如土壤、金属、木材、煤炭、石油等自然资源。在 TRIZ 里，资源范围很广，凡是一切可以被人类开发和利用的物质、能量和信息，都是资源。

人类对资源认识是从远古狩猎、农业经济阶段的低水平开发利用自然资源，过渡到工业经济的大力开发自然资源，以至于我们可认识的大多数资源都成为短缺资源，于是制约了经济发展；现在我们正处于知识经济阶段，人类认识、开发替代资源的能力大大增强，自然资源的作用逐步弱化。创新发明也是充分地分析资源的过程。

对资源进行合理分类，并以此为基础加以分析和理解是解决创新问题的必经之路。根据资源来源的不同，可分为来自系统内部的资源和来自外部环境（超系统）的资源。根据资源类型的不同，可分为物质资源、能量（场）资源、信息资源、时间资源、空间资源、功能资源和人力资源等。

1. 物质资源

用于实现有用功能的一切物质，包括系统内及超系统的任何材料或物质。

例如，梯子是物质资源，它可以用来增加高度；建筑废弃物是物质资源，作为填料填坑填海造地；免费或廉价的水、空气、土壤、沙子；金属、塑料、煤炭、石油等是比较常见的物质资源。实际上，系统或环境中任何种类的材料或物质都可看作是可用物质资源。例如，废弃物、原材料、产品、系统组件、廉价物质、水等。在创新问题的分析和解决过程中，建议尽量应用系统中已有的物质资源。

2. 能量资源

系统内部存在的、能产生场或能量流的资源。包括：①机械能。风力、水力、潮汐能、旋转、水压、压强。②热能。加热、冷却、地热供暖等。③化学能。④电能、磁能。⑤其他能量资源。

3. 信息资源

例如大量的财务数据，在没有计算机网络的时代无法被利用，就只是财务档案，还不是信息资源；在计算机网络时代，大数据可以被深度开发和利用，就是信息资源了。信息作为反映客观世界各种事物的特征和变化结合的新知识已成为一种重要资源，与其他资源相比，信息资源更抽象、更重要。信息资源管理有利于提高个体信息感知的能力。例如，通过汽车发动机传出的声音能判断发动机的运行情况；中医通过望闻问切来估计患者的病情；医生通过人的脸色来判断其健康状况；工人根据钢水颜色判断钢水的温度等。其中发动机的声音、患者的脉搏、人的脸色、钢水的颜色都是信息，能够被人们获取并加以有效利用。

4. 时间资源

时间资源是系统启动工作前、工作中、工作后以及动作周期中的可利用时间。时间资源的应用要考虑充分运筹时间，利用空闲时刻或时间周期，包括运行前、运行中和运行后的时间。也可以通过同时进行两种或多种操作达到利用时间资源的目的。

应用时间资源具体有以下 4 个方法：

（1）充分利用作用之间的停顿时间进行动作运筹、工序运筹、叠加清洁、改造、测量、调整、重置等工作。

（2）利用同时作用，在动作的进行过程中同时完成其他动作、功能，以提高时间资源的利用率。例如，地铁工程的盾构机同时测量、同时掘进、同时隧道建设、同时维修等；采煤机同时割煤、同时装煤、同时运煤、同时隧道建设。

（3）利用预先计划作用，事先采取行动可以轻易地解决很多问题。采取预先作用可以达到以下目的：产生预张力，在安全区域中进行缓冲；预加固，引入保护层；引入一种介质，产生隔离，做出标记。赋予必要的性质，创新一种材料的特殊结构，创新一种作用程序等。

（4）利用作用后的时间。在动作结束之后进行相应的再动作，如补偿或者辅助工作，比如拆除模具功能单元，排除固定功能单元，移除媒介载体，去除耗尽功用的物质，进行产品精加工，制造产品，损坏后自修，测量等。

5. 空间资源

空间资源是系统本身及超系统的可利用空间。

系统及周围可利用的闲置空间有：内、外、上、下、正、反、前、后多个维度。例如，嵌套式结构的俄罗斯套娃；上下铺双层床；旧城改造，把平房改成高楼；充分利用地下空间的地铁建设；利用鱼塘空间，水里立体养殖，提高收益；林下养鸡。

在应用空间资源时，充分考虑节省空间和利用空间。

6. 功能资源

利用系统的现有系统组件，挖掘系统的新的功能。比如，我们充分挖掘手机的新功能，充分挖掘充电器的新功能，充分挖掘户外登山手杖的新功能。

功能资源是一种特殊的资源，其源自某一物质自身的特性，或者两个物质之间的相互作用，这种功能能够被利用，故称之为资源。

比如通信基站在新冠疫情期间，能够帮助生成行程码（健康码），储存我们的行走轨迹，及时发出与感染者密切接触的警报，这些都是应用功能（效应）资源解决问题的实例。

在设计中，认真考虑各种资源有助于开阔设计者的眼界，使他们能够打破问题的框架，获得创造性的解决方案。在运用资源的概念时，更多地是将 TRIZ 与其他的内容相结合，包括资源与理想度的提升，资源与技术系统的进化，资源与矛盾分析、功能分析的结合。

二、派生资源与差动资源的内涵及应用

根据资源可利用的情况，可以分为现成资源、派生资源及差动资源。表 3-10 为资源分类表。

（1）现成资源：在当前存在状态下可被应用的资源。

（2）派生资源：通过某种变换，使不能利用的资源成为可利用的资源，这种变换后的可利用资源为派生资源。我们用物理或化学变化，使废弃物经过处理、变换在某个系统中得以采用。

（3）差动资源：物质与场的不同特性可以形成某种技术的资源。

表 3-10 资源分类表

现成资源	派生资源	差动资源
物质资源	派生物质资源	差动物质资源
能量（场）资源	派生能量（场）资源	差动能量（场）资源
信息资源	派生信息资源	
时间资源	派生时间资源	
空间资源	派生空间资源	
功能资源	派生功能资源	
人力资源		

现成资源我们就不多讲了，这里先讲讲派生资源。

在实际解决问题的过程中，还有很多容易被人们忽视，或者没有意识到的资源，这些资源通常都由系统资源派生而来。

派生资源一般可分为以下几类：

（1）派生物质资源。

（2）派生能量（场）资源：对现成的能量资源变换或改变其作用的强度、方向及其他特性所形成的能量资源，如能量传递、能量结合、物理效应、化学反应等。

（3）派生信息资源。比如，为了研究压力分布情况，在难以接近的部位（如冲床模架和冲床板间）放置感压纸，纸上可显现出压力的痕迹；物探人员用人工地震、磁场来探查地下状况。

（4）派生时间资源：为了获得所需要的时间，可以通过加快动作操作、放慢动作操作、中断动作操作、改变操作顺序来得到，如把数据压缩再传送。

（5）派生空间资源：由于几何形状（如线或轴旁边的空间、不同于轨道方向的方向、垂直于线或轴的方向、垂直于表面的方向）或几何效应（如圆圈代替直线、柱面或球面代替平坦表面等）的变化产生的额外空间。

（6）派生功能资源：系统在经历一些合理变化后，获得补充的新功能。如将功能分成几部分，将两个相似功能整合到同一系统中，将两个功能整合到同一补偿系统中，将两个功能相反的功能整合在一起，将两个功能整合到共生系统中，将几个单独的功能进行整合等。例如，锻模上的商标。

我们再讲讲差动资源。

差动资源是物质与场的不同特性参数所产生的资源。利用场在系统中的不均匀特性，在设计中实现某些新的功能。例如，烟囱利用气体压力差排气；工作点应该放在声场最低的位置等。

综合使用资源的三个步骤：

（1）选择最主要的资源。最主要的资源就是最重要、最基本的资源。

（2）列出辅助资源或者那些能够改变基本资源的资源。

（3）通过辅助资源改变主要资源，以使问题矛盾消失。

为帮助使用者更好地对系统现有可用资源进行全面梳理，力求做到“隐性资源显性化、显性资源系统化”，我们设计系统资源列表，如表 3-11 所示。该表要求使用者分别在系统组件、系统和超系统三个层面寻找物质资源、能量资源、信息资源、时间资源、空间资源以及功能资源这六类可用的现有资源，为解决问题提供资源保障。系统资源列表是进行资源分析和应用九屏幕法的基础。

表 3-11　系统资源列表（格式表）

类型	系统组件	系统	超系统
物质资源			
能量资源			
信息资源			
时间资源			
空间资源			
功能资源			

三、九屏幕法和扩展型资源列表

九屏幕法是利用 TRIZ 思维，克服传统思维模式，寻找各种资源，利用资源解决系统矛盾的一个有效方法。

设计过程中，需要不断挖掘有用资源。

挖掘资源常用的方法有：

（1）将所有资源集中于最重要的动作或子系统；

（2）合理地、有效地利用资源；

（3）避免资源损失、浪费；

（4）将资源集中到特定的空间与时间；

（5）利用其他过程中损失或是浪费的资源；

（6）分享有用资源；

（7）根据子系统隐含功能，利用其他资源；

（8）对不可以利用的资源和其他资源进行变换，变成有用资源。

最常见的九屏幕法包含九个屏幕，即具有两条坐标轴线：

（1）纵向为系统层次，分为系统组件、系统和超系统三个层次；

（2）横向为时间。

该方法可将发明者的视野从一个屏幕扩展到九个屏幕（它们给出情境和问题），进而从提供资源以解决问题的角度出发，分别考虑超系统组件、系统组件在三个不同的时间节点上的可利用资源，达到抵消所探讨问题的不良作用，或者消除它的不良后果的目的。

九屏幕法的使用步骤：

（1）画出三横栏、三纵栏的九屏幕法资源方案表；

（2）填入研究的技术系统；

（3）填入技术系统、子系统和超系统；

（4）填入技术系统的过去、现在和未来；

（5）填入超系统和子系统的过去、现在和未来；

（6）考虑可用的各种资源填入每个格子；

（7）考虑利用这些资源如何解决技术系统的问题。

表 3-11 资源列表与表 3-12 扩展型资源列表的区别：表 3-11 资源列表分别从系统组件、系统和超系统层面全面挖掘“现在”可用的资源，即侧重于从系统层面挖掘现有资源。而表 3-12 扩展型资源列表强调从时间的维度来探索资源，即分别从过去、现在和未来获取所需的资源。

表 3-12　扩展型资源列表（格式表）

类型	过去	现在	未来
物质资源			
能量资源			
信息资源			
时间资源			
空间资源			
功能资源			

为进一步有目的地发散思考，这里对“过去”、“现在”和“未来”给予了新的明确的定义。

“过去”指问题发生之前，能否搜寻某些资源预防问题的发生或者提前做好应对措施，目的是预防问题的发生，这类似于运筹帷幄所表达的内涵。“现在”指问题发生时，能否搜寻某些资源阻止问题的发展和进一步恶化，目的是救急，这类似于迫在眉睫所表达的内涵。“未来”指问题发生后，能否搜寻某些资源进行补救，从而尽量减少问题带来的损失以及问题产生的负面（长期）影响，目的是减少损失，这类似于亡羊补牢所表达的内涵。

为更细致全面地寻找资源，我们按资源分类，把所有表格尽量填满。

然后，在资源列表和扩展型资源列表里，选取可用资源，将可能产生方案的资源名称填入九屏幕法资源方案表格中，如表 3-13 所示。最后，根据可用资源构建并描述形成的概念方案。

表 3-13　九屏幕法资源方案表（格式表）

类型	过去	现在	未来
系统组件			
系统			
超系统			

【应用实例 3-13】

菜刀系统资源分析

表 3-14　刀切西瓜片系统资源列表

简单描述	作用区域	资源				约束条件
		物质	场	时间	空间	
西瓜切片与固体产生附着力。切片时，刀面附着西瓜片，在保证切割的主要功能同时，系统设法自动解决此附着现象	西瓜与刀面的接触	西瓜 西瓜片 刀刃 刀面 刀把 案板 油 盐 水	刀的动能 附着力 重力	切西瓜的过程	刀面	温度不变，刀的宽度、高度不变

【延伸阅读】

理想解是目标，感性解是目的

可行解：我们在线性规划里学习过，满足所有的约束条件的一组取值，都称为该线性规划的一个可行解，所有可行解构成的集合，我们称为该线性规划解的可行域。在决策理论里，可行解就是可以解决问题的方案。我们在解决问题之前，尽可能多地寻找出可行解。

理性解：就是对可行解运用模型、定性分析等正常的分析后，计算出的解。我们也可以理解为线性规划里的最优解，最优解一般定义为不牺牲任何总目标和各分目标的条件下，技术上能够达到的最好的解。它表示所有的总目标和分目标都可以达到的最理想的状态。这样的解一般只存在于模型里，很少实际存在。

满意解：一种非最优解，由科学家西蒙（H. A. Simon）提出。再考虑定性分析对理性解的一些影响，比如考虑到成本、环境、人文等因素，我们最终选择了次优解，这就是管理决策的结果。在处理实际系统优化时，由于我们对未来不了解，对系统结构、状态、参数了解也不充分，对信息掌握不完备，所以我们找到最优解是不现实，也是不必要的。一般地，在实际工作中只要在可行解集合中找到一个让管理决策者满意的解就可以了，这种解就是满意解。

感性解：感性，是人的情感，丰富而多变。对理性解、满意解，运用我们的知识修养，融入自己的美感、耐心、细心和对产品的敬畏之心，对理性解进一步美化，就是感性解。如汽车能开，就是理性解；丰田汽车人性化设计，就是感性解；衣服能穿，就是理性解；融入国际大师的流行设计，就是感性解。

所以，我们可以说：当我们追求资源消耗无限趋于零、有害功能无限趋于零、有用功能无限多时，这就是我们创新的目标——理想解。理想解是目标，感性解是目的。

本章讲了运用系统功能分析、因果分析和资源分析三种分析方法，就是为了确定问题的突破点。所谓问题突破点是指对初始问题进行综合考虑后需要着手解决的焦点和方向。对于一个工程问题，影响因素和产生的原因很可能错综复杂，牵一发而动全身，而综合采用三大分析工具正是要在对工程问题进行全面深入的分析之后，确定要集中入手解决的点。相较于问题的初始状态，问题突破点一般具有三个特点：

（1）更加明确、具体。因为问题突破点或者是某个负面功能，或是某个根本原因，都一定比初始问题更小，更聚焦。

（2）起到四两拨千斤的作用。这是因为问题突破点的选择是基于系统组件及功能关系梳理和因果关系分析的，因此相对较小的问题突破点一旦被解决，将会对大的初始问题产生较大的影响。

（3）问题突破点相对比较容易着手解决，因为是在明确了系统可用资源的基础上进行的选择。

问题突破点的确定非常重要，在后续的问题解决部分，所有解题工具的使用都是围绕着问题突破点展开的，可以说突破点的选择在很大程度上决定着如何确定解决方案。

问题思考

1. TRIZ 思考问题的步骤？
2. 什么是组件？举例说明。
3. 什么是超系统？举例说明。
4. 分析中性笔的系统组件。
5. 试一试，设计手机系统的系统功能模型。
6. 试用因果轴分析法，对疫情期间测温问题进行因果分析。
7. 普通笔记本电脑中，硬盘的超系统资源包括：________、________。（填写两种即可，如网络资源、主机）
8. 在什么情况下可以将有害的事物转换成有利的资源？

第四章

问题诊断与解决

大胆地创造新的方法、新的理论，来解决我们的问题。

——李四光

学习要求 了解、发现并诊断问题，用科学的方法解决问题的意义

了解工程参数及其内涵，工程参数的构成

理解解决物理矛盾主要运用的四大分离原理

熟悉矛盾矩阵的原理及应用

掌握发明原理及应用

熟悉物场分析的含义及物场模型类型

理解S曲线与技术系统进化法则及其应用

发现问题和解决问题是开展创新活动的突破口，从发现问题入手，通过对问题的诊断，达到用科学的方法解决问题的目的。就创新产生本身而言，其实质是发现和解决问题的过程。其中，问题发现是创新产生的基础，有句著名的格言“如果我们能意识到问题的出现，就已经将问题解决了一半”，这充分说明了发现和解决问题的重要性。在“发现”别人未曾想到的东西的基础上，利用系列的方法对问题进行诊断并最终达到解决问题的目的是创新实践的精髓。

第一节 问题诊断

创新过程实际上是发现问题，同时需要对问题进行诊断，以寻求有效的方法和解决

对策。在发现问题之后，如何克服思维惯性去解决问题是产生创意的关键步骤。本章分别通过收敛思维与发散思维的思路，对解决“结构良好问题”与“结构不良问题”的方法进行梳理，从基于认知的角度观察、诊断并解决问题。

诊断最早是从医学角度对人们的精神和体质状态做出的判断，是对正常人的健康状态、劳动能力和某一特定的生理过程的判断，是治疗、预后、预防的前提。企业是一个有机体，在其生存和发展过程中，需要不断创新。伴随着内外环境因素的变化，通过科学及时有效的“诊治”，发现企业潜在的问题，达到准确把握创新面临的现状，深入剖析、揭示企业问题及产生问题的根源，发现改进机会，提出合理的解决方案，以提升创新活动整体水平，让企业焕发创新的动力和创新的活力。

创新是一个创新者、模仿者、改进者互相竞争和蚕食的过程，在这个过程中包含创新发展和成熟的过程。20 世纪 50 年代以后，以微电子技术为核心的新一轮科技革命助力许多国家的经济出现了长达 20 年高速增长，技术创新影响人类社会和经济的发展。创新不是单纯提高产品的技术竞争力，而是通过为产品创造更多的价值来争取顾客，是现代企业竞争的一个基础，是赢得企业成功的基石。为此我们需要采取灵活性与多样性结合的科学的创新方法，最终达到取得有效的创新成果的目的。

第二节　矛盾分析

一、矛盾的含义

矛盾，它反映了事物之间相互作用、相互影响的一种特殊的状态，“矛盾”在本质上属于事物的属性关系。这种特殊的关系就是“对立”，正是由于事物之间存在着这种“对立”的关系，才能够构成矛盾。从广义上讲，如果两件事物在一件不存在时另一件一定存在，那么这两件事物就有矛盾。

二、工程参数与矛盾

在创新实践中，阿奇舒勒通过对大量发明专利的研究发现，真正的“发明”往往需要解决隐藏在问题当中的矛盾。解决矛盾是 TRIZ 最根本的任务，是否存在矛盾是区分发明问题与普通问题的标志，面对千千万万个技术系统和其中存在的变化多端的矛盾，如何科学合理地刻画和描述矛盾是解决矛盾的第一步。这意味着，矛盾是发明问题的核心。

因此，TRIZ 研究者通过对大量专利的总结提出概念，将五花八门、无穷无尽的具体问题系统性地转化为若干工程参数描述的典型问题，使得对矛盾进行清晰的分类、分析成为可能。

（一）工程参数及其内涵

阿奇舒勒提出了 39 个通用工程参数（表 4-1），按其在技术系统出现频率的高低，以递减的顺序给它们编码。

表 4-1　39 个通用工程参数的简明注释

编号	名称	解释
1	运动物体的重量	重力场中运动物体受到的重力
2	静止物体的重量	重力场中静止物体受到的重力
3	运动物体的长度	运动物体上的任意线性尺寸，如厚度、长度、周长
4	静止物体的长度	静止物体上的任意线性尺寸，如厚度、长度、周长
5	运动物体的面积	运动物体上的任意表面积量度，如平面、凸面或凹面
6	静止物体的面积	静止物体上的任意表面积量度，如平面、凸面或凹面
7	运动物体的体积	运动物体占用的空间
8	静止物体的体积	静止物体占用的空间
9	速度	物体的位移或过程与时间的比值
10	力	改变物体状态的作用
11	应力或压强	单位面积上的作用力，也包括张力
12	形状	一个物体的轮廓或外观
13	稳定性	物体的组成、结构及外形随时间的变化
14	强度	物体抵制外力破坏的能力
15	运动物体的作用时间	运动物体连续完成某种功能的时间
16	静止物体的作用时间	静止物体连续完成某种功能的时间
17	温度	物体所处的热状态，代表宏观系统热动力平衡的状态特征。还包括其他热学参数，比如影响温度变化速率的热容量
18	照度	照射到某一表面上的光通量与受光表面面积的比值，包括亮度、反光性和色彩等
19	运动物体的能量消耗	运动物体连续执行给定功能所需的能量
20	静止物体的能量消耗	静止物体连续执行给定功能所需的能量
21	功率	物体在单位时间内所做的功
22	能量损失	做无用功消耗的能量，这部分能量没有实现有用功能
23	物质损失	物体的组成部分或全部损失
24	信息损失	某种数据部分或者全部，永久或者临时的损失，如气味的浓度、声音的大小等
25	时间损失	一项活动所延续的时间间隔，即没有实现有用功能而浪费的时间
26	物质的数量	物体（系统）的材料、物质、部件或者子系统的数量
27	可靠性	物体（系统）在规定的方法和状态下完成规定功能的能力。可靠性常常可以理解为无故障操作概率或无故障运行时间
28	测量精度	系统特性的测量结果与实际值之间的偏差程度
29	制造精度	所制造的产品的性能结果与设计预定结果的偏差程度
30	作用于物体的有害因素	环境或超系统中其他部分施加于物体的（有害）作用，它使物体的功能参数退化

续表

编号	名称	解释
31	物体产生的有害因素	技术系统本身产生的对本系统或超系统的有害作用
32	易制造性	制造某种物体的过程的方便或者简易程度
33	易操作性	在保证质量不变的情况下，操作过程中需要的人数越少，操作步骤越少，以及工具越少，代表方便性越高
34	易维修性	出现故障后，可以很方便、很简单、在很短时间内进行维修
35	适应性、多样性	物体（系统）响应外部变化的能力，或适应各种外部变化的能力
36	装置的复杂性	系统数量多，各部分关系复杂，不容易进行分析，不容易了解系统的结构
37	控制和测量的复杂性	不容易对物体进行测量；不容易将某性能控制在某个范围内
38	自动化程度	物体（系统）在无人操作的情况下自身执行有用功能的能力
39	生产率	单位时间内系统执行的功能或者操作的数量

Darrell Mann 及其研究团队将通用工程参数增加到了 48 个，并将原有的名称和编号做出调整（表 4-2）。需要说明的是，在表 4-2 中，通用正向工程参数前面标注“↑”，通用负向工程参数前面标注“↓”， 通用物理和几何工程参数前面没有标注，经典的 39 个工程参数之外新增加的参数后面标注“*”。

表 4-2　48 个通用工程参数

编号	名称	编号	名称	编号	名称
1	运动物体的重量	17	↓静止物体的能量消耗	33	↑兼容性*
2	静止物体的重量	18	功率	34	↑易操作性
3	运动物体的尺寸	19	应力或压强	35	↑可靠性
4	静止物体的尺寸	20	↑强度	36	↑易维修性
5	运动物体的面积	21	↑稳定性	37	↑安全性*
6	静止物体的面积	22	温度	38	↓易损坏性*
7	运动物体的体积	23	照度	39	↑美观性*
8	静止物体的体积	24	↑运行效率*	40	↓作用于系统的外部有害因素
9	形状	25	↓物质损失	41	↑易制造性
10	↓物质的数量	26	↓时间损失	42	↑制造精度
11	↑信息的数量*	27	↓能量损失	43	↑自动化程度
12	↓运动物体的耐久性	28	↓信息损失	44	↑生产率
13	↓静止物体的耐久性	29	↓噪声*	45	↑系统的复杂性
14	速度	30	↓系统产生的对外有害因素*	46	↑控制的复杂性
15	力	31	↓系统产生的对内有害因素	47	↓检测和测量的复杂性*
16	↓运动物体的能量消耗	32	↑适应性、多样性	48	↑测量精度

（二）工程参数的分类

我们将 48 个通用工程参数进行分类，分成了 6 类，其结果如表 4-3 所示。

表 4-3　通用工程参数类别及其编码

通用工程参数类别	通用工程参数编码
物理参数	1～11
性能参数	12～23
效能参数	24～31
应用参数	32～40
制造/降低成本参数	41～46
测量参数	47～48

（三）工程参数的辨析

为了避免混淆，我们对 48 个通用工程参数中不容易区分的参数进行辨析。

1. “12 运动物体的耐久性”与“35 可靠性”辨析

“12 运动物体的耐久性”强调平均无故障工作时间（产品寿命）。

“35 可靠性”强调（在产品寿命内）无故障操作的概率。

2. “37 安全性*”与“38 易损坏性*”辨析

“37 安全性*”强调物体保护自己，不受到影响的能力。

“38 易损坏性*”强调物体受到影响后不损坏的可能性。

3. “30 系统产生的对外有害因素*”、“31 系统产生的对内有害因素”以及“40 作用于系统的外部有害因素*”辨析

“30 系统产生的对外有害因素*”强调由系统（物体）产生，作用于外部的有害因素。

“31 系统产生的对内有害因素”强调由系统（物体）产生，作用于系统内部的有害因素。

“40 作用于系统的外部有害因素*”强调由外部（环境）产生，作用于系统的有害因素。

4. “18 功率”、“24 运行效率*”以及“44 生产率”辨析

“18 功率”强调单位时间内所做的功，也即系统利用能量的速率。

“24 运行效率*”强调系统资源的最优化配置，以尽可能实现有用功能，去除有害功能或无用功能，从而实现效能最大化。

“44 生产率”强调单位时间内完成的功能或操作数，或完成指定动作的次数。

总之，创新首先应该将千差万别的具体问题通过系统性转化形成若干工程参数描述的典型问题，以便更有针对性地去解决问题。

三、矛盾的种类

（一）矛盾的分类

不同的工程设备被创造出来以满足人类的特定需求。人类的特定需求增长得飞快，这在某种程度上是技术进步的源泉。

复杂的发明问题（未知类型的）需要非平凡的方法，因为系统中某些参数的改进会导致其他参数不可接受地恶化，出现新的矛盾。

新对象的设计往往意味着系统某些参数的改进。矛盾是 TRIZ 的主要参数之一。TRIZ 中考虑了三种参数：行政矛盾、技术矛盾和物理矛盾。

1. 行政矛盾

行政矛盾（administrative contradiction, AC）是需求与满足这些需求的可能性之间的矛盾。它很容易被识别。通常以下述措辞表示：“有必要做某事，但尚不清楚如何去做”；“系统的某些参数差需要改进或一些缺点必须消除，然而，目前尚不清楚如何去做”；等等。这是最表面的矛盾。例如，公共汽车应该能载很多乘客。怎么做呢？这是一个典型的行政矛盾。

2. 技术矛盾

技术矛盾（technical contradiction, TC）是指系统的某些部分、特征或参数之间的矛盾。当系统的某些部分（特征或参数）由于其他部分（特征或参数）不可接受地劣化而得到改善时，就会出现技术矛盾。

由于系统各部分（参数）的发展不均衡，出现技术矛盾。当系统某一部分（参数）发生显著的数量变化，另一部分（或多个其他部分）出现显著的“滞后”时，即系统某一部分的数量变化与其他部分发生矛盾。一般来说，我们在改善事物的某些特性的同时，也极大地削弱了它的其他特性。

让我们继续分析公共汽车的问题，为了运送更多的乘客（行政矛盾），公共汽车应该有很高的载客量，即它的尺寸应该很大。然而，一辆尺寸很大的公共汽车不能很好地被操控。因此，有可能形成一个技术矛盾，即载客量与易操控性之间的矛盾。

3. 物理矛盾

物理矛盾（physical contradiction，PC）是当一个技术系统的工程参数具有相反的需求，就出现了物理矛盾。比如说，要求系统的某个参数既要出现又不存在，或既要高又要低，或既要大又要小，等等。相对于技术矛盾，物理矛盾是一种更尖锐的矛盾，创新中需要加以解决。

从功能实现的角度，物理矛盾可表现为：①为了实现关键功能，系统或子系统需要具有一个有用功能，但为了避免出现另一个有害功能，系统或子系统又不能具有上述有用功能；②关键子系统的特性必须取大值，以取得有用功能，但又必须是小值，以避免出现有害功能；③系统或关键子系统必须出现，以获得一个有用功能，但系统或子系统又不能出现，以避免出现有害功能。

技术矛盾和物理矛盾反映的都是技术系统的参数属性，就定义而言，技术矛盾是技术系统中两个参数之间存在着相互制约；物理矛盾是技术系统中一个参数无法满足系统内相互排斥的需求。物理矛盾和技术矛盾是相互联系的。例如，为了提高子系统 Y 的效率，需要对子系统 Y 加热；但是加热会导致其邻接子系统 X 的工况恶化。这是一对技术矛盾。同样，这样的问题可以用物理矛盾来描述，即温度既要高又要低。温度高可提高 Y 的效率，但是恶化了 X 的工况；而温度低无法提高 Y 的效率，但也不会恶化 X 的工况。所以，技术矛盾与物理矛盾之间，是可以相互转化的。

（二）基于工程参数技术矛盾的分析

“技术矛盾”是指当技术系统的某个工程参数得到改善时，引起了另外的工程参数恶化的矛盾情况。

我们在对技术矛盾进行分析时，在提取工程参数时，关键是要明确研究的对象（系统），并尝试将其中改善和恶化的方面用合适的工程参数进行描述。在创新实践中提取工程参数的结果并不是唯一的，当发现好几个参数可能与所需解决的问题相关时，要充分考虑所有的可能情况，厘清不确定性，以有效地使用矩阵中所建议的发明原理解决技术矛盾。

（三）物理矛盾的基本特点

为了实现某种功能，对同一个对象（或者同一个子系统）的某个工程参数提出了互斥的要求，这就是“物理矛盾”。需要重点强调的是，技术矛盾的背后往往隐含着物理矛盾，技术矛盾可以转化为物理矛盾加以解决。 因而物理矛盾是最尖锐、最核心的矛盾类型。主要运用四大分离原理解决物理矛盾。

1. 分离原理及其应用

分离原理一：空间分离。如果在物理矛盾中，对待某一参数的互斥要求存在于不同的空间中，也即在某空间中要求该参数为A，在另外一个空间中要求该参数为–A，则可以使用空间分离原理解决物理矛盾。

分离原理二：时间分离。如果在物理矛盾中，对待某一参数的互斥要求存在于不同的时间内，也即在某时间段内要求该参数为A，在另外的时间段内要求该参数为–A，则可以使用时间分离原理解决物理矛盾。

分离原理三：系统级别分离。如果在物理矛盾中，对待某一参数的互斥要求存在于系统不同的层次下（包括超系统、系统、子系统等不同级别），也即在某一层次下要求该参数为A，在上一层次或者下一层次则要求该参数为–A，则可以使用系统级别分离原理解决物理矛盾。

分离原理四：条件分离。如果在物理矛盾中，对待某一参数的互斥要求存在于不同的条件下，也即在某条件存在时要求该参数为A，在另外的条件存在时要求该参数为–A，则可以使用条件分离原理解决物理矛盾。

需要指明的是，条件分离原理是对以上三个分离原理的总结和提炼，是解决物理矛盾的最根本思想，不同的时间、空间、整体和部分都可以看作是条件，将其单独列为分离原理是因为其使用频率相对较高。

2. 物理矛盾分离原理的应用

利用物理矛盾分离原理解决交通拥堵问题：解决拥堵问题的本质是路权的分配。一方面希望车辆足够多，以充分利用道路运载能力；另一方面希望车辆足够少，以保持交通通畅。路权分配过程中对汽车数量的相反要求，成为其中的物理矛盾。

3. 技术矛盾向物理矛盾转化

正如前文所述，在绝大多数情况下技术矛盾都可以转化为物理矛盾。可以通过分析，找出控制着技术矛盾的两个参数A和B的另外一个参数X，也就是说，X关联着改善的参数A，–X关联着恶化的参数B，从而使发明问题中的技术矛盾转化为物理矛盾，通过分离原理进行解决。

再比如某种金属零件在化学热处理过程中，需要被放入含有镍、钴、铬等金属离子的盐溶液中，以便在零件表面形成化学保护层。随着温度的升高，化学反应的速度会迅速增大，温度越高，处理速度越快，生产效率越高；但是，高温金属盐溶液会发生分解，使沉淀在容器壁及底部的将近75%化学物质无法发挥作用，造成损失和浪费。即使加入稳定剂也没有明显效果。反之，如果降低温度，会使化学热处理过程的生产效率急剧降低。

在本例中，可以分析存在的技术矛盾并提取出相应的通用工程参数，其中改善的参数是“44 生产率”，恶化的参数是“25 物质损失”。与此同时，可以构造出如图 4-1 所示的逻辑链。

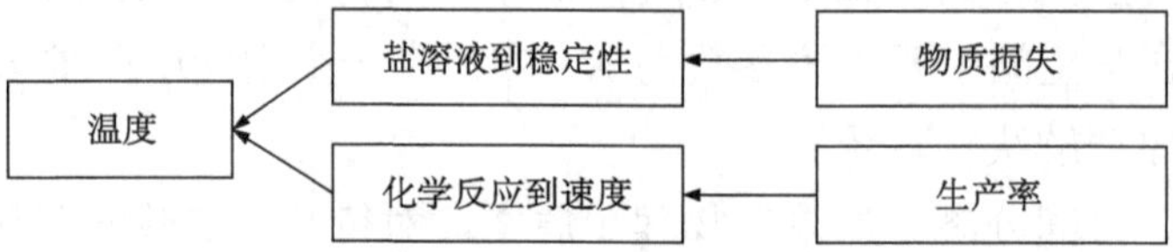

图 4-1　逻辑链

为了将该问题转化为物理矛盾，我们选择温度作为中间参数。物理矛盾的描述为：提高盐溶液的温度，生产率提高，物质的无效损耗增加；反之，降低盐溶液的温度，生产率降低，物质的无效损耗减少。因此，盐溶液的温度既应该高，又应该低——成功将技术矛盾转化为物理矛盾。

技术矛盾向物理矛盾的转化，有助于我们了解矛盾问题的本质。与此同时，建立的四个分离原理与 40 条发明原理（本章第三节讲述）之间存在对应关系，这对我们迅速地分析矛盾并加以解决大有帮助。

（四）矛盾矩阵介绍及应用

1. 经典矛盾矩阵

阿奇舒勒将40个发明原理与39个通用工程参数相结合，开发出了经典矛盾矩阵。建立矛盾矩阵的初衷是针对某一种由两个此消彼长的工程参数确定的技术矛盾，解决时用到某些特定的发明原理的次数明显比其他原理多（表 4-4）。

表 4-4　矛盾矩阵

改善参数	恶化参数					
	13.稳定性	27.可靠性	32.易制造性	33.易操作性	35.适应性、多样性	36.装置的复杂性
13.稳定性						
27.可靠性						
32.易制造性						
33.易操作性						
35.适应性、多样性						
36.装置的复杂性						

换言之，就是不同的发明原理对不同的技术矛盾解决的有效性是不同的。如果能够将这种对应关系体现出来的话，技术人员就可以直接选用对解决自己遇到的技术矛盾最有效的几个发明原理，而不用将 40 个发明原理逐个思考并尝试。

经典矛盾矩阵通常是一个二维表格，使用者从纵向排列的 39 个通用工程参数中选出得到改善的一个，再从横向排布的 39 个通用工程参数中找到恶化的一个，在行列相交的一栏中找到对应的发明原理，经过多次尝试就可以找到典型解决方案。

2. 经典矛盾矩阵的特点

（1）整个矩阵表中存在少量的空白，意味着有少许矛盾没有相应的发明原理予以解决。

（2）矛盾矩阵关于对角线是非对称结构，例如“功率”参数改善“稳定性”参数恶化，与“稳定性”改善“功率”恶化所对应的发明原理是不同的。

（3）矛盾矩阵的对角线部分，也就是同一个工程参数既要改善又要恶化（意味着物理矛盾的存在），没有相应的发明原理。在经典 TRIZ 理论中，物理矛盾的解决需使用分离原理。

3. 2003 矛盾矩阵

经典矛盾矩阵问世后，迅速吸引了创新技法研究者以及实际应用者的关注，并在实践过程中不断改进。Darrell Mann 等于 2003 年公布了新版矛盾矩阵。经典的矛盾矩阵和新版矛盾矩阵相比，二者存在以下几点区别：

（1）增加了 9 个通用工程参数，矩阵的规模也随之扩展为 48×48。结果是，矩阵中能容纳的矛盾关系增加了 783 个；解的数量也大大增加，共有 16378 个解，平均每个方格有 7.8 个解，是经典矩阵表的 3.8 倍，而且不再留有空格，也即所有的问题都能找到对应的发明原理加以解决。

（2）对角线处是物理矛盾的解决方案，并且加入了相应的发明原理作为建议。为了更高效、有序地解决系统对同一个参数存在相反的要求而产生的物理矛盾，将解决物理矛盾的发明原理单独列举出来，制作一张“发明问题解决引导表”。

4. 矛盾分析及解决综合案例

以扳手拧开六角螺栓为例。

在使用开口扳手拧开六角螺栓时，二者之间的作用力集中在螺栓棱边的顶点处（如图 4-2 中 A 所指示）。这样的受力点可能造成扳手打滑，也会加快螺栓棱边顶点处的磨损，减少其使用寿命。

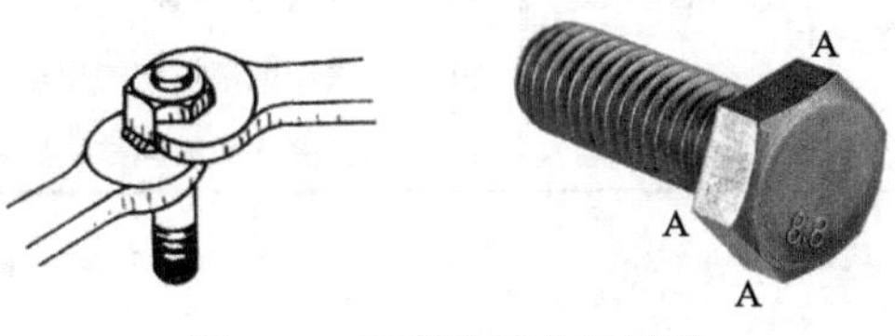

图 4-2　扳手拧开六角螺栓

明确本例中存在的发明问题，矛盾集中于扳手与螺栓的作用点上。为了使得扳手能够拧动螺栓，则二者必须接触；而为了使扳手不损伤螺栓，二者又不能接触，这样相互矛盾的要求，构成了一对物理矛盾。

运用通用工程参数重新描述发明问题。发明问题中所包含的物理矛盾，可以提取出的通用工程参数是“9 形状”。

查找 2003 矛盾矩阵，将工程参数代入，可得到相应的发明原理。这里我们先引入发明原理相关内容。

第三节　发明原理

TRIZ 理论在解决发明问题时应解决面临的问题主要包括：①发明问题是无限多的，而发明等级是不多的；②发明问题是无限多的，而发明的方向（理想化）是确定的；③发明问题是无限多的，而矛盾的类型和工程参数的个数是不多的；④发明问题是无限多的，而实际用到的知识（库）是不多的。因此发明的过程就是解决矛盾的过程。

一、发明原理概述

在不同的技术领域，相同的技术进化模式反复出现，发明就是解决矛盾，而解决矛盾的（创新）原理是不多的；目前发明原理概括起来有 40 个，如表 4-5 所示。分离原理对应的发明原理见表 4-6。

表 4-5　发明原理

序号 IP	名称	序号 IP	名称	序号 IP	名称	序号 IP	名称
1	分割原理	11	事先缓冲原理	21	急速作用原理	31	多孔材料原理
2	抽出原理	12	等势原理	22	变害为利原理	32	变换颜色原理
3	局部特性原理	13	反演原理	23	反馈原理	33	同质原理
4	不对称原理	14	曲面化原理	24	中介原理	34	自弃与修复原理
5	合并原理	15	动态性原理	25	自助服务原理	35	物理或化学状态改变原理
6	普遍性原理	16	不足或过量作用原理	26	复制原理	36	相变原理
7	嵌套原理	17	多维化原理	27	廉价替代品原理	37	热膨胀原理
8	反重量原理	18	振动原理	28	机械系统替代原理	38	强氧化作用原理
9	预先反作用原理	19	周期性作用原理	29	气压或液压结构原理	39	惰性介质原理
10	预先作用原理	20	有效持续作用原理	30	柔性壳体或薄膜结构原理	40	复合材料原理

表 4-6　分离原理对应的发明原理表

分离原理		对应的发明原理 IP
空间分离		1、2、3、17、13、14、7、30、4、24、26
时间分离		15、10、19、11、16、21、26、18、37、34、9、20
条件分离		35、32、36、31、38、39、28、29
系统级别分离	转换到子系统	1、25、40、33、12
	转换到超系统	5、6、23、22
	转换到竞争性系统	27
	转换到相反系统	13、8

以前面的扳手拧开六角螺栓为例，在 2003 矛盾矩阵中，将通用工程参数“9 形状”代入对角线处，结合发明原理分析，得到建议的解决物理矛盾的发明原理有 3、35、28、14、17、4、7、2。

应用所推荐的发明原理寻求解决方案。在综合考虑各个发明原理之后，比较适合解决本例的是 IP14 曲面化原理。为了使得扳手和螺栓既接触又不接触，可以改变二者的接触面，使其曲面化，其具体发明如图 4-3 所示。

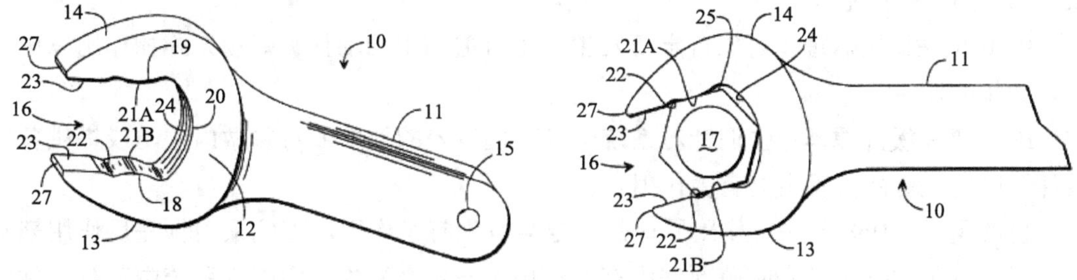

图 4-3　扳手中曲面化原理应用

根据曲面化原理改进后的扳手，其与螺栓作用时的着力点是 21A 及 21B，在保证与螺栓充分作用的同时又不会磨损螺栓棱边的顶点，较为完美地解决了该实际问题中存在的物理矛盾。

二、发明原理的辨析

（一）IP5 合并原理与 IP6 普遍性原理的区别

1. 含义

IP5 合并原理：①组合用于连续操作的类似对象或对象；②在时间上组合类似或连续的操作。

IP6 普遍性原理：由一个对象执行几个不同的功能，不再需要其他对象。

2. 区别

合并原理是将时间或空间上相关的操作对象合并，要求对象间相关、相邻、相连；而普遍性原理是将要实现的功能合并，这些功能间不一定要相互联系。

（二）IP9 预先反作用原理、IP10 预先作用原理与 IP11 事先缓冲原理的区别

1. 含义

IP9 预先反作用原理：①预先施加应力，以抵消工作状态下不期望的过大应力；②如果问题定义中需要某种作用，那么预先施加反作用。

IP10 预先作用原理：①预先对物体（全部或至少部分）施加必要的改变；②预先安置物体，使其在最方便的位置开始发挥作用而不浪费运送时间。

IP11 事先缓冲原理：使用事先准备好的应急方法对对象相对较低的可靠性进行补偿。

2. 区别

IP9 预先反作用原理：对象肯定要发生产生有害作用的动作，则预先施加反作用以抵消动作所产生的危害。

IP10 预先作用原理：对象肯定要发生产生有益作用的动作，则预先施加作用以更有利于动作的发生。

IP11 事先缓冲原理：强调针对系统中可靠性较差的部件或对象做出预防或提供备用零件，以避免可能会发生的有害作用。

也就是说，IP9 预先反作用原理是一定会发生有害作用，因此采用预先反作用来减小或消除危害，IP11 预先防范原理中有害作用不一定会发生，但因为系统中部分部件或对象可靠性相对较差，易出现问题，从而引发有害作用。因此 IP11 事先缓冲原理是针对上述部件与对象来进行针对性的防范，以此避免发生有害作用。

（三）IP22 变害为利原理与 IP25 自助服务原理的区别

1. 含义

IP22 变害为利原理：①运用有害因素（特别是对环境有害的作用）取得有利效果；②通过与另一有害因素结合来消除有害因素；③维持或加强有害因素直至它不再产生破坏性。

IP25 自助服务原理：①让物体通过执行辅助或维护功能为自身服务；②利用废弃的物质资源及能源。

2. 区别

IP22 变害为利原理：强调对有害效应和物质的利用和转化，中间存在转化过程，不需要时间上具有同步性。例如太阳风飞船，太阳能资源本身不是废弃的，但太阳风暴是有害的，不过利用太阳风暴的能量可以驱动飞船飞行，故该原理源于 IP22 而不是 IP25。

IP25 自助服务原理的②号子原理：强调对废弃资源的直接利用，并具有时间上的同时性。

（四）IP26 复制原理、IP27 廉价替代品原理与 IP34 自弃与修复原理的区别

1. 含义

IP26 复制原理：①用经过简化的廉价复制品代替复杂的、昂贵的、不易获得的、易碎的材料；②用光学复制品（图像）代替实物或实物系统；③如果已使用了可见光复制品，可用红外光或紫外光复制品代替。

IP27 廉价替代品原理：用若干便宜的物体代替昂贵的物体，同时降低某些质量要求（例如工作寿命）。

IP34 自弃与修复原理：①采用溶解、蒸发等手段抛弃系统中已完成功能的多余部分，或在系统运行过程中直接修改它们；②在工作过程中迅速补充系统或物体中消耗的部分。

2. 区别

IP26 复制原理强调对复制品进行操作，复制对象的性能与原始对象要尽可能一致，原始对象不用承受作用，也不会遭到破坏；IP27 廉价替代品原理则将原始对象改换为一次性的，其承受相应的作用，也会遭到破坏，此外一次性的替代对象性能有所下降也是可以接受的；与 IP26 复制原理和 IP27 廉价替代品原理相比，IP34 自弃与修复原理更关注的是部件（而非整体）的丢弃和修复。

（五）IP35 物理或化学状态改变原理、IP36 相变原理与 IP37 热膨胀原理的区别

1. 含义

IP35 物理或化学状态改变原理：①改变聚集态（例如在气态、液态、固态之间转化）；②改变物体的浓度或密度；③改变系统的柔性；④改变物体的温度。

IP36 相变原理：利用物质相变时产生的某种现象，如体积改变、吸热或放热。

IP37 热膨胀原理：①利用材料的热膨胀（或收缩）；②组合使用不同热膨胀系数的材料。

2. 区别

IP35 物理或化学状态改变原理是利用对象状态变化后的最终状态；IP36 相变原理则利用对象在相变过程中所产生的效应；而 IP37 热膨胀原理是利用对象在加热过程中的体积变化（如热胀冷缩）。

（六）认识 IP17 多维化原理

（1）将物体由一维运动变为二维运动或由二维运动变为三维运动。
（2）利用多层结构替代单层结构。
（3）将对象倾斜或侧向放置。
（4）利用物体所提供面的反面。

（七）认识 IP18 振动原理

（1）使物体处于振动状态。
（2）如果已处于振动状态，提高振动的频率（直至超声振动）。
（3）利用共振频率。
（4）用压电振动代替机械振动。
（5）将超声波振动和电磁场结合。

（八）认识 IP38 强氧化作用原理

（1）用富氧空气代替普通空气。
（2）用纯氧代替富氧空气。
（3）用离子化氧代替纯氧。
（4）用臭氧代替离子化氧。

三、发明原理应用

（一）高效利用发明原理

高效利用发明原理，在创新实践中通常有两种路径。
（1）应用路径一：具体问题→冲突矩阵→发明原理→解决方案；
（2）应用路径二：具体问题→发明原理→解决方案。

（二）发明原理分类

1. 创新实践应用分类

在创新实践中，我们通常把发明原理进行分类，大致分成六类。

（1）空间的转换（6 个）：IP1 分割原理、IP3 局部特性原理、IP4 不对称原理、IP7 嵌套原理、IP14 曲面化原理、IP17 多维化原理。

（2）时间的转换（7 个）：IP9 预先反作用原理、IP10 预先作用原理、IP11 事先缓冲原理、IP15 动态性原理、IP19 周期性作用原理、IP20 有效持续作用原理、IP21 急速作用原理。

（3）主体的转换（12 个）：IP2 抽出原理、IP5 合并原理、IP6 普遍性原理、IP13 反演原理、IP22 变害为利原理、IP23 反馈原理、IP24 中介原理、IP25 自助服务原理、IP26 复制原理、IP27 廉价替代品原理、IP28 机械系统替代原理、IP34 自弃与修复原理。

（4）作用力的转换（5 个）：IP8 反重量原理、IP12 等势原理、IP16 不足或过量作用原理、IP18 振动原理、IP29 气压或液压结构原理。

（5）材料或形态的转换（8 个）：IP30 柔性壳体或薄膜结构原理、IP31 多孔材料原理、IP32 变换颜色原理、IP33 同质原理、IP35 物理或化学状态改变原理、IP36 相变原理、IP37 热膨胀原理、IP40 复合材料原理。

（6）环境的转换（2 个）：IP38 强氧化作用原理、IP39 惰性介质原理。

2. 发明原理综合分类

发明原理分类如图 4-4 所示。

图 4-4　发明原理分类

四、发明实践的解决方案

【应用实例 4-1】

足球场

问题的条件：足球场被草棚覆盖，需要精心维护，需要阳光和新鲜的空气。在恶劣的天气条件下，球员和球迷待在封闭的体育场更舒适。怎么办呢？

问题分析：草棚的状况与球员和球迷的舒适度存在技术上的矛盾。这个矛盾可以通过使用 IP2 抽出原理解决。

解决方案：为此德国盖尔森基兴市的一个带屋顶的体育场配备了一个拉出式足球场（图 4-5）。

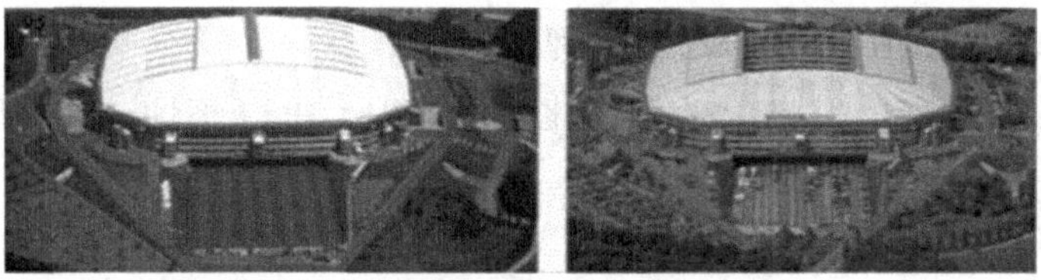

图 4-5　德国盖尔森基兴市足球场

【应用实例 4-2】

机场的薄雾

问题的条件：雾霾给机场带来问题，导致航班延误，影响飞机起飞、降落安全。

问题分析：让我们使用 IP22 变害为利原理。

解决方案：提出了人工雾化含有带电气溶胶粒子的方法。天然雾滴和人工雾滴结合在一起，形成了雨。

【应用实例 4-3】

聋的猎人

问题的条件：猎人在狗的帮助下捕猎松鼠，狗把松鼠赶到树下，开始吠叫。猎人变聋了，没有听到狗的叫声。猎人应该怎么做？

问题分析：猎人必须听到狗的叫声，才能到达狗叫的地方；然而，他已经聋了，听不到狗叫。让我们使用 IP24 中介原理。

解决方案：猎人又买了一只狗，用一条短皮带拴住了它。当这只狗听到另一只狗的叫声时，它把猎人带到吠犬那里。

【应用实例 4-4】

铁路清洁

问题的条件：铁路清洗是用一种特殊的机车或悬挂设备来完成的。需要购置专门的设备，在操作和维修上浪费过多的精力、时间和人力资源，这并不理想。怎样才能避免呢?

问题分析：清理铁路积雪和污垢需要专门的设备，浪费过多的能源和维修人员。让我们使用 IP25 自助服务原理。

解决方案：可以用一股气流对铁轨进行清洗。气流可以通过特殊的屏障和孔口被引导到需要的地方。每台机车（在制造中）都可以配备这种装置。在这种情况下，就不需要特别清理铁轨了。

【延伸阅读】

从“中国制造”到“中国创造”

中国在科技创新领域快速发展，并且与欧美间的差距正逐渐缩小。中国正从“贴牌”到“品牌”，从“制造”到“创造”，从“跟跑”到部分领域实现“并跑”“领跑”转变。美国商业专利数据库发布的报告显示，不到 10 年时间里，中国企业在美国获得专利数量已达到此前的近 10 倍，中国正在实现从“中国制造”到“中国创造”的飞跃。

中国正改变世界创新版图

专利，是一个国家或企业创新能力的反映。

中国苏州好孩子集团以每年 400 多款创新产品的研发速度，让德、美具有百年历史的同行叹为观止。

中兴通讯的折叠智能手机、华为的智能手表、阿里巴巴的刷脸支付、京东方携手海思等推出的全球首款 75 英寸 8 K 超高清智能终端，不仅让中国企业展示出令人惊艳的“黑科技”产品，更改变着世界的创新版图。

“中国创造”依然任重道远

尽管中国主要创新指标进入世界前列，已成为具有全球影响力的“科技大国”，但无论企业家还是专家学者，对面临的挑战都保持相当清醒和理性。在世界知识产权组织划分的 35 个技术领域中，中国维持 10 年以上的发明专利拥有量仍有 29 个领域少于国外。

中国应变“专利”为“动力”，大力培育高价值核心专利，并利用后发优势缩小与领先者的差距，提升中国企业的竞争力和创新水平。

（资料来源：http://www.gov.cn/xinwen/2018-02/02/content_5263194.htm）

第四节　物场分析

前面几节我们介绍了几种创新方法的具体解决办法，包括技术矛盾、物理矛盾，本节主要来介绍另一种重要的问题描述和分析工具——物场分析。

一、物场分析概述

（一）什么是物场分析

阿奇舒勒认为，每一个技术系统都可由不同功能的子系统组成，所有的功能都是由“物质”和“场”两种元素所构成的集合体。因此我们可以这样定义物场分析：物场分析是一种以物质和场的形式表示的、工程系统中任意子系统用以建立与已存在的系统或新技术系统问题相联系的功能模型。具体来看，如图 4-6 所示，“工具物质”（即作用发出者）要通过“场”作用到“对象物质”（即作用承受者）上。因而，在进行物场分析之前，我们必须分清什么是物质，什么是场。

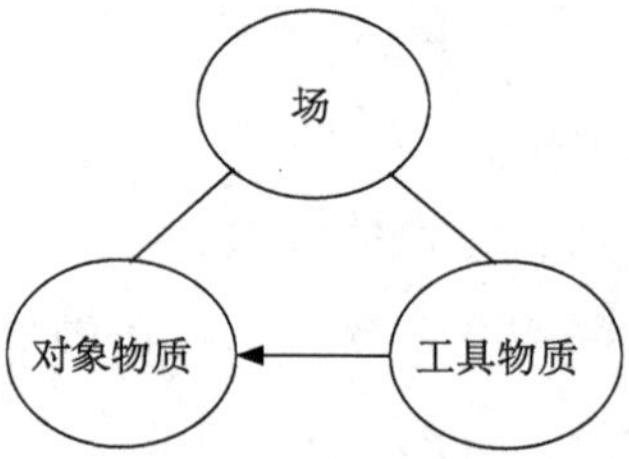

图 4-6　物场分析要素

1. 物质

我们可以把任何实质性的东西都叫作物质。在物场分析中，我们所说的“物质”比一般意义上的物质含义更广一些。

它可以根据不同的层次和级别进行划分，如：

（1）单元素：螺钉、别针、杯子等；

（2）复杂系统：汽车、太空船、大型计算机等。

同时，物质的状态具有多样性的特征：

（1）典型的物理状态：真空、气体、液体等；

（2）中间态和化合态：泡沫、粉末、液态胶等；

（3）有特殊性质的材料：热性质、电性质、磁性质、光学性质等。

我们在使用物场分析模型解决具体发明问题的过程中，需要抛开物体中多余的特性，去除对某种物体的认知惯性，使那些引起冲突的特性更加明显，有助于抓住主要矛盾进行有针对性的重点解决。

2. 场

在技术系统中，“场”指的是物质间的相互作用。由于物质是场的来源，我们引入场的前提总是假设物质是存在的。一般来说，场可以按照基本物理场和其他相互作用来划分：

（1）基本物理场：重力场、电场、磁场等；

（2）其他相互作用：机械场、热场、化学场、放射场等。

场为我们提供了一种表示信息流、能量流、力流和相互作用的机制，它不仅能够描述能量的来源，而且可以了解作用的实现原理。系统的进化本质上就是向着更高级、更复杂的场的进化。

【练习】建立正常运转情况下，用洗衣机洗衣服的物场模型。

【问题】针对上述练习的案例，如果用低转速的洗衣机洗衣服，如何描述系统运行不正常的情况呢？

3. 物场模型

在 TRIZ 理论中，物场模型一般遵循以下两个原理：

（1）一个技术系统必须有两种物质与一个场，三个基本元素组成三角形结构，缺一不可；

（2）三个基本元素相互作用，有机组合就会形成一个物场模型，用来表示任意的技术系统。

一般来说，我们在进行技术系统的问题分析时，会采用简单的三角形物场模型（图 4-7），三角形的底边两个角分别表示两种物质，S1 是被控制、被测量的物质，S2 是进行控制和测量的工具；三角形的顶角代表场，用字母 F 表示，代表 S1 和 S2 之间的相互作用。复杂的技术系统经过分解后，可以用多个组合的三角模型来表示（图 4-8）。

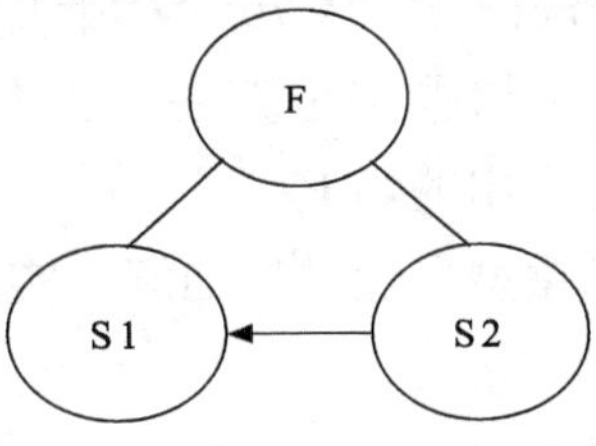

图 4-7 简单三角形的物场模型

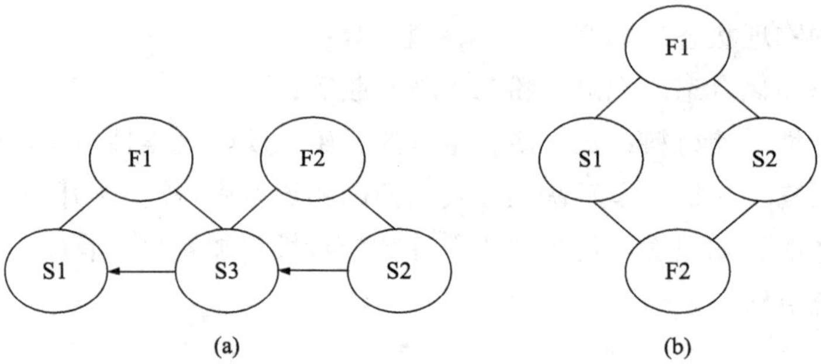

图 4-8　复杂三角形的物场模型

（二）物场分析解决问题思路

产品是功能的一种实现，物场模型的存在具有普遍性，通过物场分析解决问题是TRIZ 理论中的一种有效分析工具。我们可以借助物场分析方法和标准解找到许多实际问题的解决方案，完成创新设计。针对物场模型相同的问题，可以采用相同的解决方案模型。物场分析解题思路如图 4-9 所示。

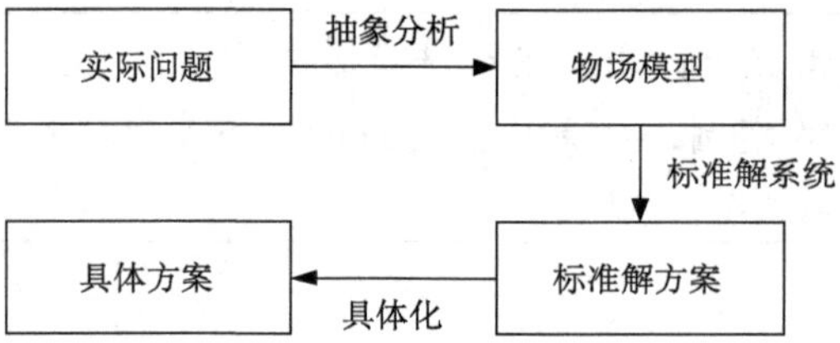

图 4-9　物场分析解题思路

（1）明确问题发生的部位。要对原有的物场模型结构进行组件识别，发现其问题发生的准确部位，如场或者物质（S1、S2），并采取相应的解决方案。在上述提到的用低转速洗衣机洗衣服的案例中，首先就是明确问题发生的位置，也就是洗衣机和衣服之间存在的矛盾。

（2）将实际问题抽象成物场模型。针对原有物场模型，对系统的完整性、有效性进行评价，如我们在前面对低转速洗衣机和衣服画出一个物场模型，洗衣机和衣服之间存在有害作用。

（3）应用相应的标准解法解决问题。从 76 个标准解中选择一个最恰当的解。例如产生有害作用时，引入变形的第三种物质 S2′；产生有害作用时，引入超系统中的物质 S3；产生有害作用时，引入抵消有害作用的场 F2。

（4）得到解决方案思维物场模型。通过标准解，实现问题具体解决方案的转换。

（三）物场分析特点

前面几节我们讨论了用物理矛盾和技术矛盾来分析和解决问题的方法，在这一节里，我们重点关注物场分析与它们相比，具有什么样的特点。

物场分析通过分析两种物质在技术系统中的相互作用，构筑了两种物质完整的关系模型，不仅让我们找到了标准解法，也可以帮助我们梳理出系统以及系统以外的资源。利用物场分析可以更多地利用系统中的资源。

物场分析是为了更好地实现功能而服务的，在物场分析法中，“相互作用”的概念指的是物质在场中发生关系的过程，所实现的就是某种特定功能。在科学研究过程中，功能的实现需要依靠工作原理在时间和空间上的合理设计，因此，我们用物场模型分析问题，也需要查找相应的一般解法和标准解。

物场分析的准确性依赖于我们对物质和场的准确判断，标准解的使用是基于对物场分析的清晰认知，那么，如何才能做到物场分析的准确呢？在系统分析过程中，组件之间的作用关系是建立物场模型的基础和前提。只有将系统中各个组件之间的相互关系搞清楚，才可以进一步梳理物场模型的关系。

二、物场模型类型

前面我们在进行功能分析时，将功能分为有害、不足和过度。在物场分析中，也有类似的情况。首先，我们要了解系统中常用的相互作用表示符号，见图 4-10。

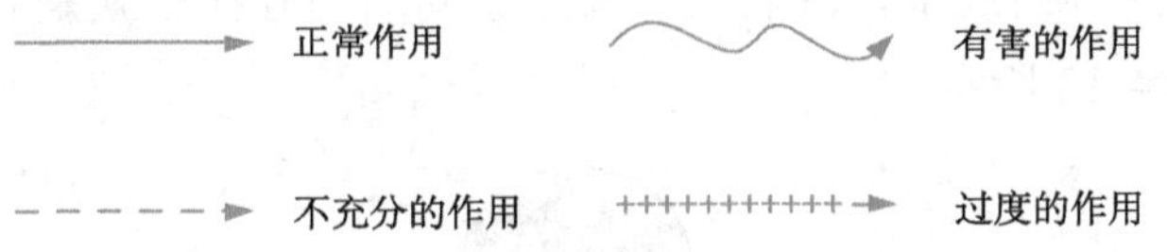

图 4-10　常用相互作用表示符号

根据技术系统中的物理矛盾和技术矛盾，我们将物场模型分为四大类：

（1）有效模型。功能模型中三个基本元素都存在，且相互之间充分作用。这是设计者追求的最理想的状态。

（2）不充分模型。功能模型三个元素齐全，但是预期的相互作用没有实现，或只是部分实现。

（3）缺失模型。功能模型中三个元素不齐全，可能缺少物质，可能缺少场。

（4）有害模型。功能模型中三个元素齐全，但是相互作用产生的是与预期效果相反的结果，因此不得不想办法消除有害作用。彼此间产生的有害作用可能是由物质一引起的，也可能是由物质二引起的。

我们关注的重点是后三种非正常模型。下面我们以之前的洗衣机洗衣服为例，应用不同类型的物场模型进行描述问题。

（一）有效模型

如果系统中实现功能所需的三个元素完整且有效，其相互作用能满足功能的要求，那这种模型就被叫作有效模型。用洗衣机可以洗衣服，此时洗衣机与衣服之间的相互作用是有用且充分的，可以用图 4-11 的物场模型来表示。

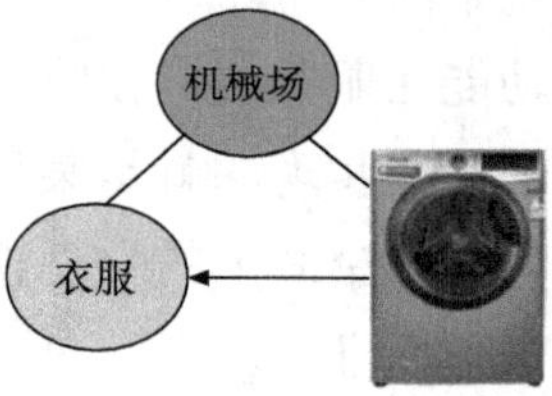

图 4-11　洗衣机洗衣服的物场模型

（二）不充分模型

如果物场分析的三元素都存在，但是由于效应不足功能无法实现，这种模型就叫作不充分模型。此时可以采取以下方式构建有效完整的物场模型：①引入新的场；②改变原有的场；③改变原有的物质元素；④引入新的物质元素，这种物质元素可以来源于物场内部，也可以来自外部。用低转速洗衣机洗衣服，转速不够大，可能会导致衣服洗得不干净。在市面上有着参差不齐的洗衣机品牌，有些技术不成熟的品牌洗衣机就会存在转速低的问题，在这种情况下，洗衣机和衣服之间的相互作用就是有用但不充分的。建立的物场模型如图 4-12 所示。

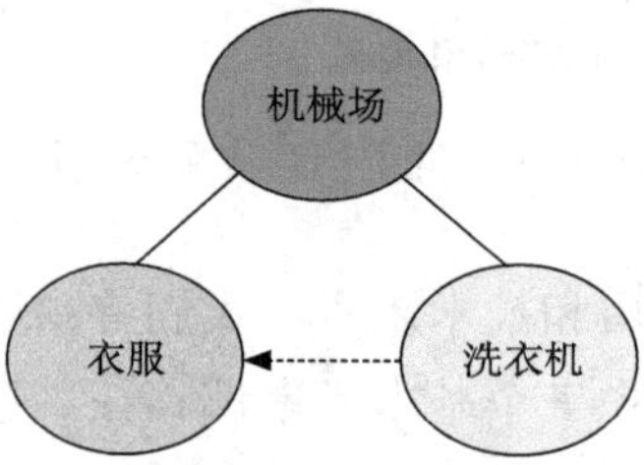

图 4-12　低转速洗衣机洗衣服的物场模型

（三）缺失模型

在系统分析过程中，如果发现组成物场模型的三个功能元素不完整，那么此时的物场模型就是缺失的。对于这种缺失模型，首要的就是将物场模型的元素补充完整，进而利用其实现功能。如果洗衣机发生故障无法启动，那么无法对衣服进行清洗，或者没有脏衣服。这两种结果，前者是缺少相互作用，后者是缺少物质，可以用图 4-13 的物场模型来表示这种情况。

图 4-13　洗衣机故障或没有脏衣服的物场模型

（四）有害模型

如果功能模型的三个元素都存在，但是产生了与目标相悖的效应，这就是有害模型。此时，就需要想办法消除有害作用的影响。如果洗衣机洗衣服洗得太久，或者衣服是羊毛衫或羽绒服，那么就会导致衣服被洗坏或者缩水，缩短衣服的使用寿命。此时，洗衣机与衣服之间的相互作用就为有害的作用。建立起的物场模型如图 4-14 所示。

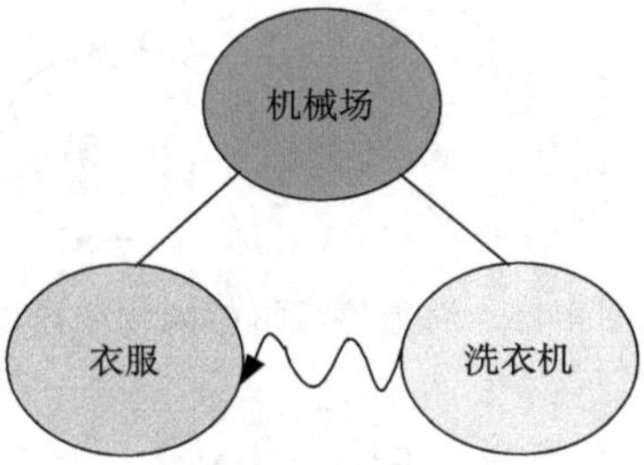

图 4-14　洗衣机洗衣服时间过长或者衣服是羊毛衫或羽绒服的物场模型

三、物场分析的一般解法

在 TRIZ 理论中，对于有效的物场模型，系统一般不存在问题，这里就不加以讨论了，我们将重点关注后三种物场模型类型——不充分、缺失和有害模型，并总结出七种物场分析的一般解法来应对这三种非正常模型，如表 4-7 所示。

表 4-7　物场分析的一般解法

编号	非正常物场模型	具体解决措施
1	缺失模型	补充缺失元素（物质、场），构建完善的物场模型
2	有害模型	引入变形的第三种物质 S2′
3		引入超系统中的物质 S3
4		引入抵消有害作用的场 F2
5	不充分模型	引入增强效应的第二个场 F2
6		引入增强效应的第二个场 F2 和第三种物质 S3
7		引入第二个场 F2 或第二个场 F2 和第三个物质 S3，代替原来的场或原来的场和物质

1. 缺失模型

当系统中的物场模型为缺失模型（编号 1）时，可以通过补全缺失的元素（场或物质），使模型完整。

【应用实例 4-5】

使帆船行驶

在海上停着一艘船，船上有帆布，此时的物场模型可用图 4-15 来表示，为了使帆船在海上正常行驶，我们可以增加风力来达到目的。如前文所述，一个完整的物场模型必须包括两个物质和一个场，缺一不可，在这个例子中，通过增加风场 F，系统形成了一个完整的模型，且相互作用充分，达到预期的效果。此时的物场模型如图 4-16 所示。

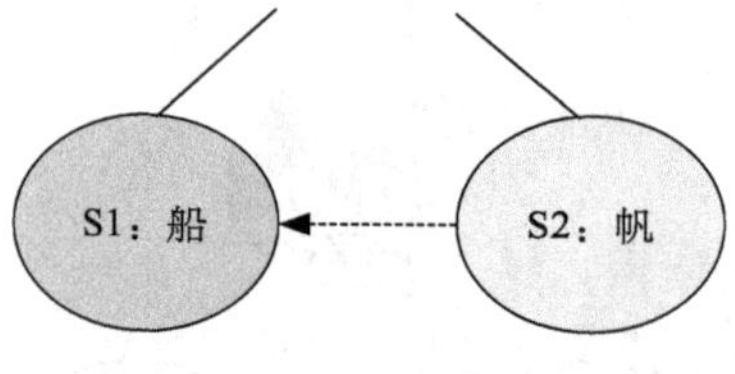

图 4-15　海上停着帆船的物场模型

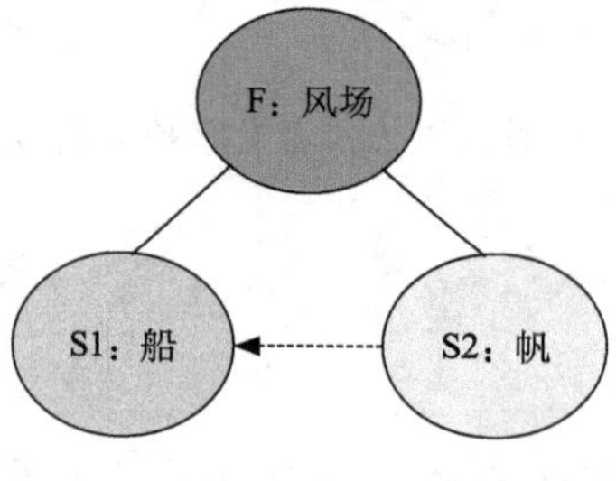

图 4-16　风推动帆船在海上行驶的物场模型

2. 有害模型

（1）当系统中的模型为有害模型（编号 2）时，可以通过引入变形的第三种物质 S2′来消除有害作用。

【应用实例 4-6】

防止海豚误入捕鱼网

海豚是依靠声波而不是视力来定位的，常常因为误入捕鱼网挣扎窒息而死，因此捕鱼网对海豚是有伤害的。为了保护海豚，考虑在渔网上添加一种带活性的声波辐射器，帮助海豚定位渔网，防止伤害。其问题模型和解决方案模型如图 4-17 所示。

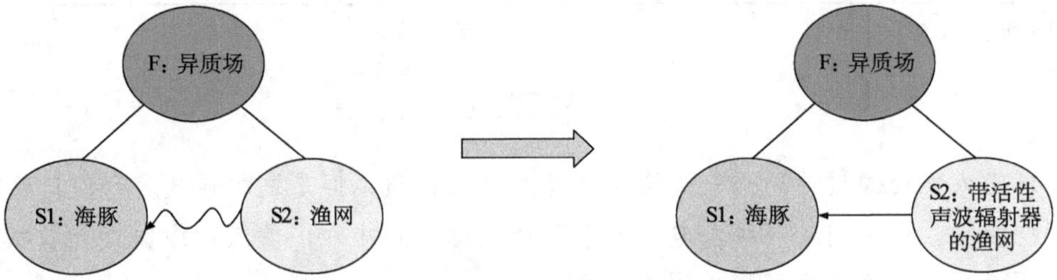

图 4-17　防止海豚误入捕鱼网的物场模型

（2）当系统中的模型为有害模型（编号 3）时，可以通过引入超系统中的物质 S3。

【应用实例 4-7】

在冰上行走

人们穿着鞋在冰上走时经常容易摔跤（图 4-18），为了减少摔跤的次数，我们可以穿一种特殊的钉鞋，鞋底既有钉子也有防摩擦的铰链，可以防止打滑。改善后的物场模型如图 4-19 所示。

图 4-18　冰上走路摔倒

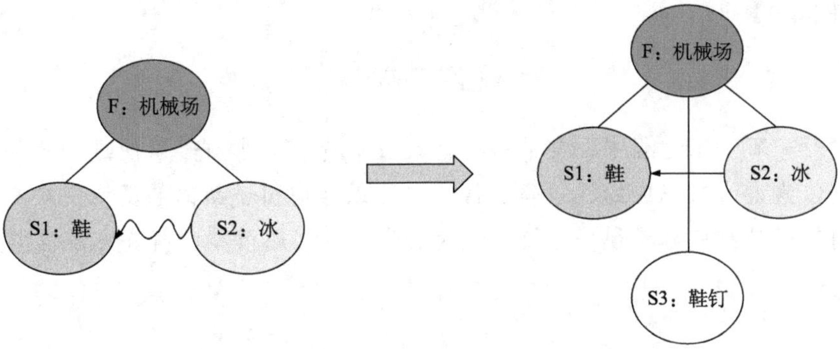

图 4-19　钉鞋减少冰上摔跤的物场模型

（3）当系统中的模型为有害模型（编号 4）时，可以通过引入抵消有害作用的场 F2。

【应用实例 4-8】

人工授粉

通常人们会通过使用强气流来实现花的人工授粉，但是这种强气流会使花瓣闭合而影响授粉。通过引入一种静电离子气流让花瓣相互排斥，使其始终保持开放状态。其问题模型和解决方案模型如图 4-20 所示。

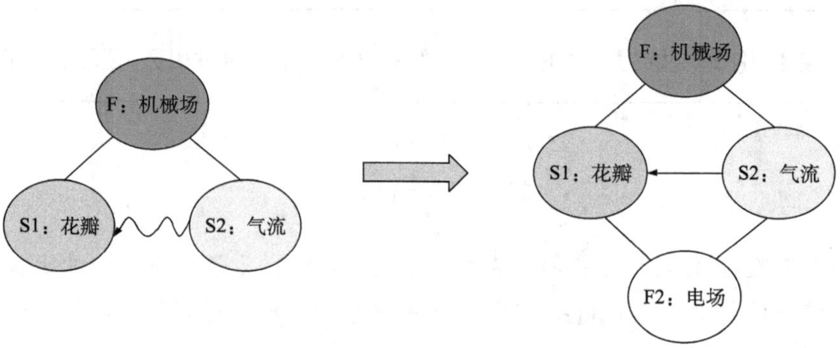

图 4-20　人工授粉的物场模型

3. 不充分模型

（1）当系统中的模型为不充分模型（编号 5）时，可以引入增强效应的第二个场 F2，使系统中的相互作用变得充分。

【应用实例 4-9】

将大石头变成小石子

在进行矿石加工过程中，常常需要将大石头碎裂成小石子以便进一步加工，这一步通常是依靠人力来完成的，效率非常低。可以考虑引进新的温度场使大石头冻裂，人们再用锤子敲打就容易很多，效率大大提高。其问题模型和解决方案模型如图 4-21 所示。

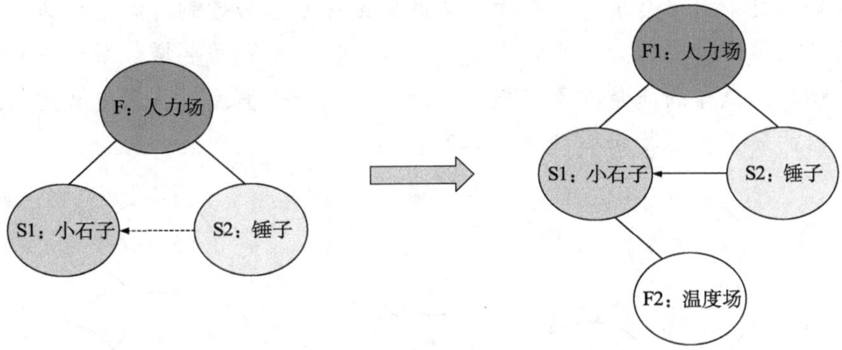

图 4-21　将大石头变成小石子的物场模型

（2）当系统中的模型为不充分模型（编号 6）时，可以引入增强效应的第二个场 F2 和第三个物质 S3，从而增强有用的效应。

【应用实例 4-10】

替换轮胎

在生活中，当车轮磨损需要手动更换车轮时，我们通常会用摇柄将车轮卸下，但在这之前，我们首先要将汽车轮子抬起来，为了完成替换轮胎的过程，我们借助千斤顶这个物质，在又一个机械场中推动汽车。在原有的系统中，直接使用摇柄是不可能推动汽车的，通过引入第三个物质千斤顶，使得物质、场形成了一个串联的关系。其物场模型见图 4-22。

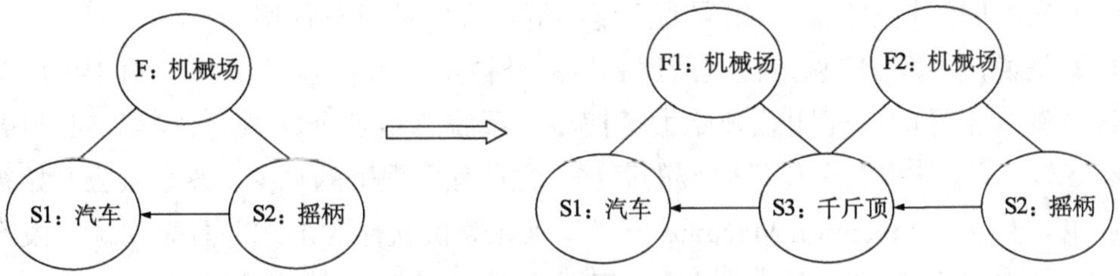

图 4-22　借助千斤顶替换轮胎的物场模型

（3）当系统中的模型为不充分模型（编号 7）时，可以引入第二个场 F2 或第二个场 F2 和第三个物质 S3，代替原来的场或原来的场和物质。

【应用实例 4-11】

烧瓷器

人们通过烧窑的方式烧制瓷器，而瓷器的质量取决于人们对火的控制程度。最早的时候人们通过柴火进行烧窑，然而这样的火窑并不容易控制，温度过高或者火势太大就需要从火窑中抽出部分柴火，温度太低或火势太小就需要增加柴火，人们需要不断地进行调整，瓷器的质量并不好把控。通过引入一个恒温箱，用电来控制温度，从而保证瓷器的质量。其物场模型见图 4-23。

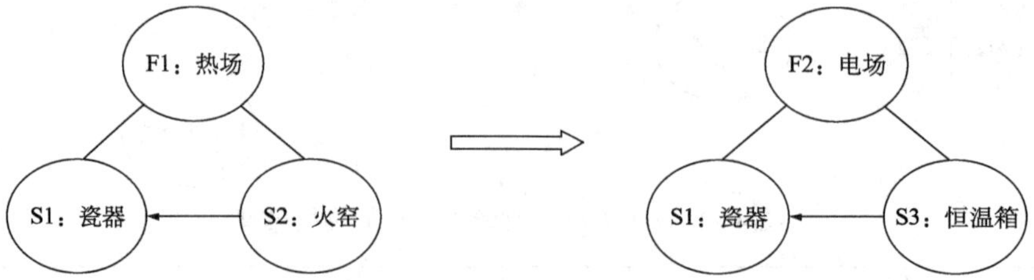

图 4-23　烧瓷器的物场模型

第五节　科学效应知识库与最终理想解

一、科学效应

（一）科学效应概述

阿奇舒勒在分析大量专利的过程中发现了一些规律：

（1）在不同的技术领域，相同的技术发展模式反复出现；

（2）在不同的技术领域，相同的问题和解决方案被反复使用。

也就是说，科学效应总是在其所属领域之外被用来进行创新。为此，自 1969 年开始，以阿奇舒勒为主导的研究团队开始大量搜集、系统总结各个领域的科学效应。1988 年 Salamatov 出版了一本关于化学效应的著作，这具有里程碑的意义，各个效应开始被大家广泛应用。1989 年 Invention Machine 公司就以计算机软件的形式并且采用英文发布了这些效应，其中 Goldfire Innovator 已经收集了 9000 多个科学效应及应用。

那么，究竟什么是科学效应呢？效应是在特定条件下，在技术系统中实施自然规律的技术结果，是场与物质之间的互动结果。效应就是不同学科领域里的一个自然规律，如热胀冷缩是典型的物理效应。

专利研究显示，很多创新方案就是在特定工程领域应用没有使用过的自然效应得到的。很多司空见惯的科学效应如果能应用于某些未曾使用过该效应的技术领域，那么就会出现意想不到的创新效果。

然而，随着现代工程系统复杂程度的增加，一个技术领域的产品往往包含了多个不同领域的知识，要想设计一个新产品或者改进一个已有产品，就必须综合运用不同领域的知识。

为了帮助工程人员更好地应用效应解决创新问题，TRIZ 理论按照“从技术目标到实现方法”的方式创建科学效应库。

在 TRIZ 中，效应被当作“黑箱”系统，没有内部结构，不能进一步分解，只对特定输入产生特定响应。工程人员首先决定创新问题需要解决的功能，然后根据相应的功能很容易选择所需要的效应，也就是先确定要实现的技术目标，然后选择需要的实现方法的过程。

经典 TRIZ 效应库集中了物理、化学和几何学等方面的效应。对 20 世纪 80 年代效应库应用的统计显示，它们之间的应用频率之比为 9:0.8:0.2。目前成熟的 TRIZ 商业软件集成效应超过了 6000 个。在这些软件的帮助下，TRIZ 中的知识库得到了极大丰富，人们就能更加便捷地搜寻效应。当前被广泛采用的效应有物理效应、化学效应、几何效应以及生物效应。

事实上，如果没有可靠的桥梁将科学效应与发明问题联系在一起，知识在相当大的程度上是闲置未用的。因此，阿奇舒勒及其团队将二者之间的纽带连接起来，形成系统的科学效应知识库，这对于发明问题的求解具有不可估量的作用。

（1）科学效应涵盖了不同学科领域的科学原理和方法。

（2）科学效应采用统一的功能性描述和查询方式，可以快速得出针对问题的相关解决方案。

（3）运用科学效应可以帮助工程师们克服思维惯性，拓宽知识面。

（二）How to 模型

产品是功能的载体，功能是产品的核心和本质。人们购买某种产品，其本质是购买产品的功能。产品的研发过程是围绕功能的实现而展开的。很多时候，如果一个产品投入到市场中去，产品的功能无法满足用户的需求，就需要产品工程师针对这种功能缺失进行改善或者重新研发新产品。此时就需要通过输入功能搜索相关的科学效应进行解决。

为了将技术系统中的发明问题与科学效应联结在一起，我们借助一个工具——How to 模型，将那些在工程技术领域中常常用到的功能和特性与人类已经发现的科学原理或效应所能够提供的功能和特性对应起来，以方便工程师们检索。How to 模型的标准表达形式是：“如何+动词+名词”（How to + V + O），即如何实现某种功能。这里的名词多指某一物体的性质或参数，如温度、尺寸、形状等；也可指专有名词，如混合物、有机物等。动词可以是改变、分离、吸收、移动等。如“如何分离物质”“如何去除污垢”“如何吸收能量”等。在经典 TRIZ 理论中，阿奇舒勒为我们统计出标准的 30 种 How to 模型，帮助我们解决工程中的大问题。How to 模型通过将复杂的问题与所要实现的功能进行汇总归纳，每一种功能用一个功能代码来表示，依据表 4-8 提供的功能代码，可以查找此代码下的各种可用科学效应和现象。

表 4-8 How to 模型（功能代码表）

功能代码	实现的功能
F1	测量温度
F2	降低温度
F3	提高温度
F4	稳定温度
F5	探测物体的位移和运动
F6	控制物体的位移
F7	控制液体及气体的运动
F8	控制浮质（气体中的悬浮微粒，如烟、雾等）的流动
F9	搅拌混合物，形成溶液
F10	分解混合物
F11	稳定物体位置
F12	产生控制力，形成高的压力
F13	控制摩擦力
F14	解体物体
F15	积蓄机械能与热能
F16	传递能量
F17	建立移动物体和固定物体之间的交互作用
F18	测量物体的尺寸
F19	改变物体尺寸
F20	检查表面状态和性质
F21	改变表面性质
F22	检查物体容量的状态和特征
F23	改变物体空间性质
F24	形成要求的结构，稳定物体结构
F25	探测电场和磁场
F26	探测辐射
F27	产生辐射
F28	控制电磁场
F29	控制光
F30	产生及加强化学变化

（三）应用科学效应解决问题的思路

应用 TRIZ 理论之所以能消除矛盾，有赖于强大的科学效应库的支持。科学效应和现象是部件或系统功能突变的创新源，它涵盖了多学科领域的原理，包括物理、化学、几何等，应用“本体论”并对自然科学及工程领域中事物之间纷繁复杂的关系实现全面的描述，借助这些已有的关系和全新技术、相关知识，加快创新进程。

（1）对待解决的问题进行分析，根据实际情况明确所需要的功能。

（2）根据功能，从 How to 模型中确定与之相对应的功能代码，即 F1～F30 中的一个。

（3）从科学效应对照表中查找此功能代码下所推荐的科学效应和现象。

（4）对 TRIZ 推荐的每个科学效应和现象进行筛选，找到最适合解决问题的最优科学效应和现象。

（5）查找该科学效应和现象的详细解释，并通过类比应用于问题的解决，形成解决方案。

科学效应解题思路如图 4-24 所示。

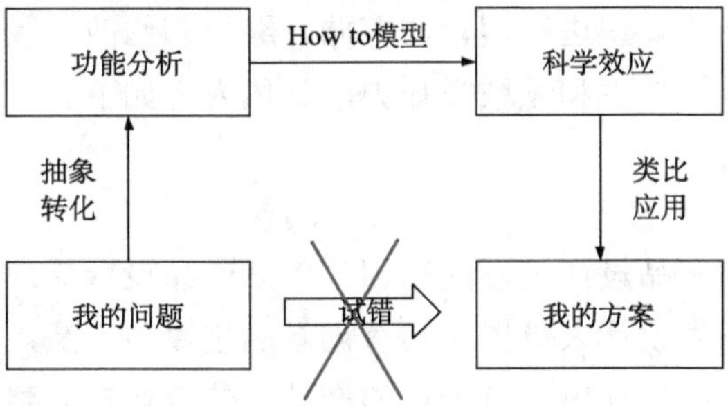

图 4-24　科学效应解题思路

下面我们来看一个具体案例。

传统的结石提取器是通过微型的夹钳深入人体内，定位到结石后用夹钳夹碎结石，破碎后的结石会随着人体的尿液一起排出体外。然而，传统的结石提取器无法破坏较大的结石，对于较大结石的破碎，必须在较小的空间内产生一个相对较大的作用力，那么这个力如何实现呢？

（1）问题分析，确定功能。经过分析，确定要实现的功能是产生力。

（2）查找功能代码表，获得代码 F12。

（3）TRIZ 推荐的可以产生力的物理效应与现象有胡克效应、电场效应、磁场效应等；产生形变的物理效应和现象有形状记忆效应、热膨胀效应等。

（4）选择效应，经过对以上效应逐一分析，可以构建以下方案：通过流体加热形状记忆合金使其产生形变，利用形状记忆合金的形变产生力，将大结石破碎成微细结石。

（5）产生解决方案，先用拉力使形状记忆合金产生形变，然后用热水使形状记忆合金恢复初始状态，这样就能实现结石提取器在小空间产生较大的作用力，实现大尺寸结石的破碎。

结石提取器的改进方案如图 4-25 所示。

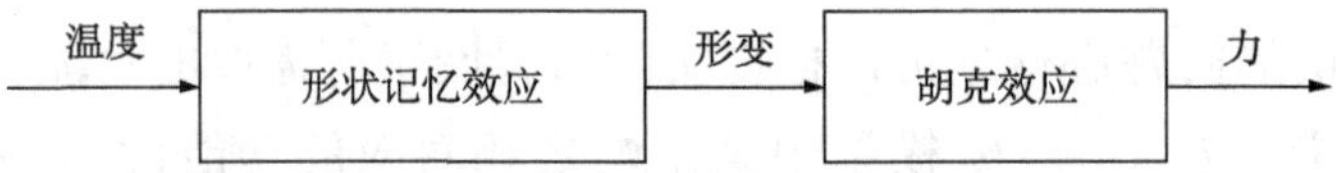

图 4-25　结石提取器的改进方案

二、知识库

将科学效应有序地安排，并提供高效的检索方式，即成为科学效应知识库。知识库是知识工程中全面有组织的知识集群，是针对某些领域求解的需要，采用若干知识表示方式在计算机中存储、管理、使用的互相联系的知识集合。企业设计人员和工程师可以借助知识库对产品设计的知识进行搜索、存储、编辑和修改。我们将知识库归纳为三大类：原理类知识、综合类知识和领域类知识，具体内容如下。

1. 原理类知识库

这是一类主要面向产品设计过程的知识，包括产品设计原理、产品进化原理、创造发明原理等，这些知识为设计人员提供具有创新的规律与方法，激发设计人员创新思维灵感，帮助企业设计人员设计出富有创意的产品，使企业在激烈的市场竞争中占据有利地位。其中，创造发明原理是一些较为抽象的普适性原理，主要指的是 TRIZ 理论中提供的 40 个发明原理，如果设计人员和工程师想要借助这些原理来发明或者改进产品，需要进一步学习和了解这些原理的具体实现形式和过程。通过具体的实例，将这些抽象的发明原理转化为具体的解决方案。

2. 综合类知识库

综合类知识是存在于多个学科中的学科原理及其关系，包括科学效应、专利知识、多学科优化知识等，它为实现产品功能提供各种设计策略。在产品功能的求解阶段，科学效应知识库能够使产品设计摆脱原有设计经验的束缚，跳出专业知识的限制，在更高层次上实现产品的创新设计。专利是世界上最大的知识载体，涉及领域广泛、类型丰富，不仅能够反映各领域的新技术、新方案、新工艺的最新研究成果，还能激励创新产品设计人员。专利中所包含的知识，是以实例的形式表现的设计知识集合。阿奇舒勒的 TRIZ 理论就是从数以万计的专利中获得灵感并总结出的一套系统有效的技术方法。企业设计人员和工程师如果遇到一些技术问题，可以从专利知识库中提取相关的主要冲突，并参照专利发明创新部分采用的方法和技术手段，提取功能属性，抽取有效的解决问题的方法。目前，这一类专利知识库的检索借助计算机辅助软件来完成，大大减少了工作量，提高了工作效率。

3. 领域类知识库

领域类知识指的是不同专业领域内的具体设计知识，包括领域知识和专题知识，二者又可以归纳为事实知识，主要用来支持各种设计策略的实现过程顺利展开。领域知识库是实现科学效应的具体方法和载体知识，主要包括不同领域的具体知识，如机械、电子、化学化工、生物等，包括基本工作原理、工程标准、计算公式、工艺规划、材料性能等。专题知识库是针对一类复杂产品特有的设计知识，包括某类产品的设计背景、设计方案、零部件构形、加工工艺等。它主要是通过对某一类产品的技术、资料和经验进行整理归纳，为同类产品的快速开发提供信息服务。针对不同产品的开发需求，各个企业可以建立不同的专题知识，如洗衣机专题知识等。

三、最终理想解

最终理想解是 TRIZ 理论中跨领域解决问题和进行原始创新的有效工具，在创新的过程中，人们不断地改进技术系统，使产品更快、更好、更廉价，本质上是提高系统理想度、追求理想化的过程。为了更好地理解“最终理想解”这一概念，我们需要把握“理想化”和“理想度”两个概念。

（一）理想化

《孙子兵法》中提到一种用兵的最高境界——“不战而屈人之兵”，指的是不费一兵一卒就取得战争的胜利。战争的过程是不存在的，但是战争的目的得以实现，这就是战争的理想化结果。TRIZ 理论中，在问题解决之初，先抛开各种客观限制条件，设立各种最优化的理想化模型，来获得最终理想解。理想化是系统的进化方向，不管是有意改变还是系统本身的进化发展，系统都是在向着更理想的方向发展。

技术系统是人类为了实现某种功能而设计制造出来的，它不仅提供一个或多个有用功能，也不可避免地伴随着一个或多个有害功能。同时，为了使主要有用功能得以实现，技术系统往往还会有多个辅助功能。例如，煤的主要功能是取暖、发电，同时，为了这个有用功能得以实现，还需要借助锅炉、发电或取暖设备等辅助功能。而实现有用功能的同时，煤在燃烧发电的过程中会排放大量的废气，引起空气污染，产生噪声等，这些都被看作是有害功能。

一个理想化的技术系统应当表现为：技术系统提供的有用功能趋向于无穷大，且功能越来越强，伴随着有害功能趋于零，资源的耗费趋于零，即物理实体并不存在，但却能实现所有必要的功能。然而，理想化是一个漫长的进化过程，几乎在所有情况下，技术系统都是“不理想”的。任何一个技术系统都兼具有用功能和有害功能。虽然理想化是一个理论上的、现实中永远无法达到的终极状态，但是它为设计人员指明了方向，提供了解决方案的最终标准。

（二）理想度

系统的理想化用理想度进行衡量。任何技术系统沿着越可靠、越简单、越有效的方向进化，则理想度越高。在技术系统中，理想度与有用功能之和成正比，与有害功能之和成反比，所有的技术系统都在沿着增加其理想度的方向发展和进化。阿奇舒勒用理想度的公式来表示这种技术系统的进化：

$$I = \sum U / \sum H \tag{4-1}$$

其中，I 为理想度；$\sum U$ 为技术系统的有用功能之和；$\sum H$ 为有害功能之和。

从公式（4-1）中可以看出，随着技术系统的进化，系统的理想度不断增大，理想度越高，现实理想解就越接近于理论解，产品的竞争能力就越强。在创新当中，根据公式（4-1），有 4 种增加理想度水平的方法：

（1）增大有用功能之和，减小有害功能之和，理想度增长显著；

（2）增大有用功能之和，有害功能之和保持不变，理想度水平增加；

（3）减少有害功能之和，有用功能之和不变，理想度水平增加；

（4）有用功能之和与有害功能之和都增加，但是有用功能之和增加的速率高于有害功能之和增加的速率，理想度水平增加。

实际工程中进行理想度水平的分析时，需要对理想度的公式进行细化，通常我们除了考虑有害功能之外，还需要考虑系统的成本，如时间、空间、资源、重量等，同时，系统中有用功能之和也要用效益之和代替，于是，理想度的公式为

$$I = \sum B / \left(\sum H + \sum C\right) \tag{4-2}$$

其中，$\sum B$ 为效益之和；$\sum C$ 为成本之和。

从公式（4-2）中，我们可以总结出 6 种增加理想度水平的方法：

（1）增加有用功能的数量；

（2）提升有用功能的等级；

（3）尽可能利用内外部资源，降低成本；

（4）减少有害功能的数量；

（5）减轻有害功能的等级；

（6）将有害功能移除到系统之外，使之不会影响技术系统的功能发生。

（三）最终理想解

阿奇舒勒曾这样形容最终理想解：把最终理想解比作绳子，登山运动员只有抓住它才能沿着陡峭的山坡向上爬。绳子不会向上拉他，但是可以为其提供支撑，不让他滑下去。只要他松开绳子，肯定会掉下来。在解决发明问题的过程中，虽然无法确定如何消

除矛盾，也不是永远都能达到最终理想解，但是它能给设计师提供解决问题的思路，克服思维惯性，为设计师树立一个确定的目标。

最终理想解（IFR）是指产品处于理想状态的解。系统在保持有用功能正常运作的同时，能够自行消除有害的、不足的、过度的作用。也就是说，当设计人员不需要额外的花费就实现了设计上的创新，这就被称为最终理想解。

技术系统中的最终理想解具有以下几个特点：

（1）保持了原系统的优点；

（2）消除了原系统的不足；

（3）没有使系统变得复杂；

（4）没有引入新的缺陷。

最终理想解是解决问题的关键所在，很多问题的最终理想解被正确理解并描述出来，问题就得到了解决。设计者的惯性思维常常使自己陷入困境。而 TRIZ 理论中的最终理想解帮助设计者跳出思维的怪圈，以 IFR 角度重新认识、定义问题，得到与传统设计完全不同的根本解决思路。下面来看一个割草机的例子：草坪上的草长得很快，而且参差不齐。传统的解决方案是用割草机，但是噪声很大。而最终理想解是，草坪上的草不需要修剪，自己始终维持在一个高度。那么，从 IFR 出发的解决方案可知，通过基因改造、园艺改良等方法，发明一种"聪明草种"，可以使草不会长高，割草机就没有作用了，也就不会有噪声了。又比如西瓜的运输：西瓜在搬运过程中会来回滚动，不易运输和储藏，使用 IFR 得出的解决方案就是——方形西瓜。2001 年夏天，日本四国岛的果农生产出一种方形西瓜，这种西瓜的运输和储备就比较方便。

对于最终理想解的实现我们需要注意以下几点：

（1）能利用现有的能量和资源实现有用功能；

（2）自我服务，实现有用功能，利用"聪明"的材料或物质；

（3）有害作用的自我消除。

最终理想结果是解决问题过程中想象的最后结果，不要顾虑是否可以达到最终理想解。

（四）最终理想解确定的步骤

（1）设计的最终目的是什么？

（2）理想解是什么？

（3）达到理想解的障碍是什么？

（4）出现这种障碍的结果是什么？

（5）如何使障碍消失？

（6）什么资源可以帮助你？

（7）在其他领域或有其他工具可以解决这个问题吗？

【应用实例 4-12】

清洁衣服

（1）设计的最终目标是什么？

答：清洁衣服。

（2）理想解是什么？

答：衣服可以自我清洗。

（3）达到理想解的障碍是什么？

答：衣服纤维不能完成这个功能。

（4）出现这种障碍的结果是什么？

答：因为衣服纤维不能完成这个功能，衣服不会自我清洁。

（5）如何使障碍消失？

答：如果有一种纤维或者纤维结构可以清洗自己。

（6）什么资源可以帮助你？

答：纤维、空气、穿衣服的人、衣橱、阳光等。

（7）在其他领域或有其他工具可以解决这个问题吗？

答：自我清洁功能在大自然中可能是存在的（莲属植物），自我清洁的衣服纤维还在研究中。

解决方案：如果不能达到衣服自我清洁的 IFR，不妨向现状退一步，使用化学清洁剂清洗衣服。

第六节　S 曲线与技术系统进化法则

TRIZ 理论从纵向归纳出一类技术方向在未来的发展过程中所经历的某些阶段，那么具体的技术系统在发展的过程中要经历些什么、遵循什么呢？

一、S 曲线及其作用

（一）S 曲线的各阶段内涵

任何一种产品在市场上的销售和利润都不是一成不变的，如果没有引入新的技术，它就会停留在当前的技术水平，其销售额和利润就会呈现由少变多，再由多变少的过程。技术系统是阶段性发展的，阿奇舒勒及其研究团队通过对大量专利的分析发现，一个技术系统的进化一般经历 4 个阶段，其完整的生命周期呈现出“S”形态，因此，TRIZ 理论将这样的整体规律称为技术系统进化的 S 曲线，如图 4-26 所示，横轴表示发展时间，纵轴表示技术系统中某个重要性能参数，随着时间的推移，技术系统的性能逐步提升，到后期呈现平稳以及衰退的趋势。当一个技术系统的进化完成4个阶段后，必然会出现一个新的技术系统来替代它，并开始新一轮的发展。如此不断地被替代，技术系统的进化就呈现出S曲线族的趋势，如图4-27所示。

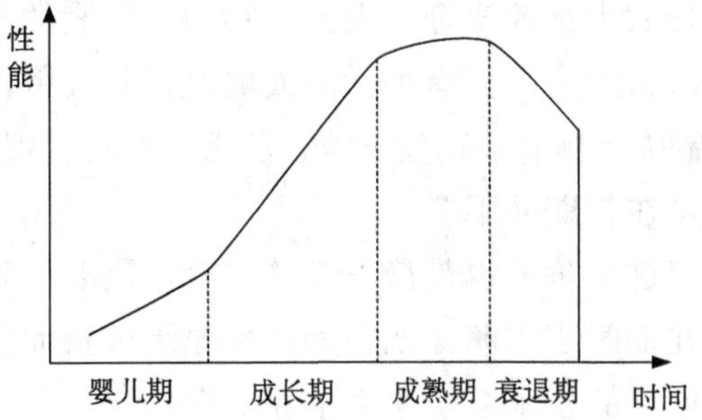

图4-26　技术系统进化的S曲线

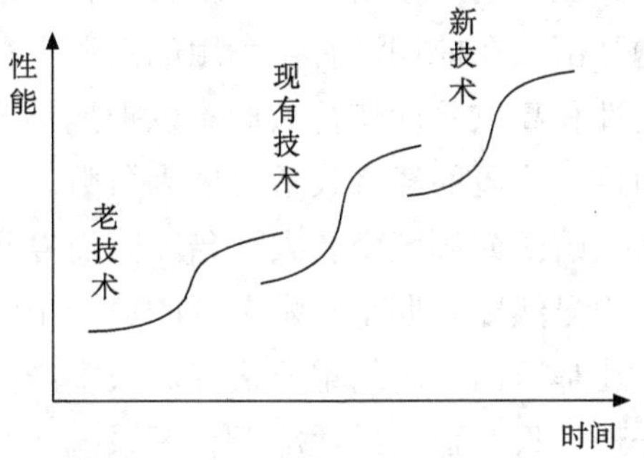

图4-27　技术系统进化的S曲线族

为了更好地衡量技术系统进化不同阶段的特征，我们选取了四个参数进行分析——性能参数、专利数量、发明级别、经济效益，通过性能参数随时间变化的规律，可以准确地预测产品和技术所处的生命周期阶段，如图4-28所示。

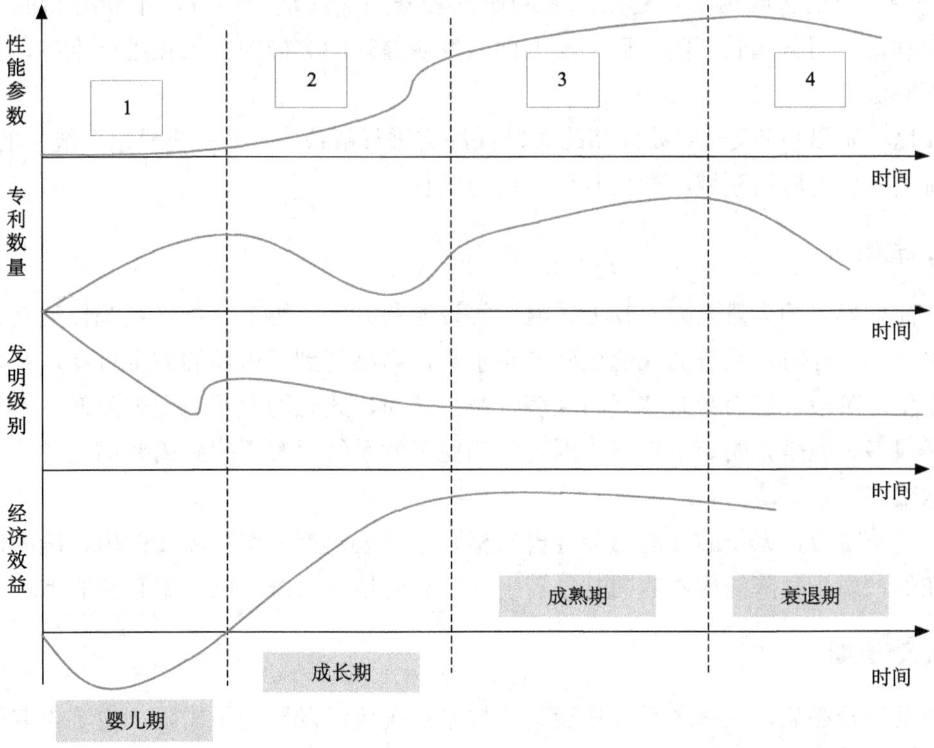

图4-28　S曲线与四个参数的对应关系

1. 婴儿期

为了满足人类社会对某种功能的需求，新的技术系统往往伴随着高级别发明的出现。此时，这个刚刚诞生的新系统在性能上还不够完善，一些关键性的矛盾没有得到解决，为其提供辅助作用的子系统也没有形成稳定的合力，因此表现出效率低、可靠性差等问题。由于在前期没有可利用的资源，需要先投入大量的资金、人力、物力，巨大的不确定性和高风险性使得人们难以把握该产品的未来发展，只有少部分人愿意冒险投资，因而这一阶段的经济收益普遍为负数。一旦产品从无到有被研发出来，发明级别就会很高，而新的研究领域少有人涉猎，因而专利的数量在初期并不多。

虽然婴儿期是技术系统的第一个阶段，但这个阶段也是最艰难的时期，需要面临进入还是退出市场的重要抉择。很多产品在婴儿期时刚刚萌芽就因为各种原因夭折而昙花一现，只有那些最适应现有超系统（细分市场）的技术系统才会生存下来。

2. 成长期

随着发明产品的性能不断提升，逐渐满足了社会的要求，新系统就进入了成长期。婴儿期的主要冲突得到了解决，前期投入的资金使得新系统的效率和可靠性有很大程度的提高。更多的投资者看到了产品的价值和市场潜力，投入更多的资金，市场运转良好，经济收益大幅增加。越来越多的研究者开始关注这一领域，不断有新的发明出现，专利数量得到增长。随着研究的方向从发明原理的突破向实用化进行推广，发明级别逐渐降低。

在这一阶段，应及时对婴儿期的关键性冲突进行解决，利用系统或超系统中的资源，使系统适应新的应用领域，把握时机，快速成长。

3. 成熟期

在前期投入的大量人力、物力、财力等资源的共同作用下，技术系统日趋完善，进入成熟阶段。此时，系统的性能达到最高水平，产品得到了市场的完全接受，开始进入大批量生产阶段，进而带来客观的经济收益。然而，此时的发明级别在降低，专利的数量虽然很多，但是开始走下坡路，因为日趋完善的系统很难再找到需要调整和改进的漏洞和缺陷。

在这一阶段，系统的性能已接近自然极限，发展速度变缓，需要做出正确的研发决策，在保证质量、降低成本的同时，着手开发新的技术系统，以占据有利的市场地位。

4. 衰退期

所谓盛极必衰，成熟之后就是衰退。技术系统已经发展到了极限，很难再取得进一步的突破。对系统的改进处于停滞状态，专利数量和发明级别迅速下降，企业为了榨出产品最后的价值，往往会采用低价格、低质量的销售策略，此时，新的系统发展到第二阶段，人们纷纷被新产品吸引，旧产品无人问津，最终旧产品面临市场的淘汰，经济收益大幅下降。

对于技术人员来说，技术系统进化的 S 曲线能帮助他们发现产品更新换代的最佳时机，在旧产品即将过时的时候，将新产品适时投入到市场中去，抢占先机，占据有利位置。

下面我们看一个汽车的例子：

汽车早期是由英国的贵族发明的，因为贵族有大量的资金和人员可投入到研发中。当它被发明出来的时候，人们非常好奇，过去都是借助马进行拉车，从来没有出现过这种大型机器，此时的发明级别最高。但是这一时期的汽车行驶速度缓慢，甚至比不过马车，因此关注的人并不多，专利数量也很少。随着系统的进化发展，汽车逐渐被市场所接受，人们最为关心的汽车速度得到了明显提升，人们纷纷聚集到这一研究领域，专利数量越来越多，经济效益越来越高。到现在，随着跑车、赛车等新产品的出现，人们追逐性能、利润、技术革新的脚步也越来越慢，因为汽车的发展达到了一定的极限，很难再有什么提升。而人们也逐渐发现汽车发动机产生的尾气废气会造成空气污染，产生雾霾，不利于人们的身体健康，因此，技术系统的研发开始由追求速度转向追求环保，新能源电动汽车由此诞生。到目前为止，由于电池容量过小，充电时间过长，电动汽车的发展并不完善，仍处于技术系统进化的婴儿阶段。

（二）S 曲线分析的作用

（1）我们在使用 S 曲线进行系统分析的时候，为了保证 S 曲线的有效性，需要搜集大量的有效信息进行验证，大量的专利和经济数据是绘制 S 曲线的基础。

（2）S 曲线是产品生命周期的核心部分，描述了技术系统的一般发展规律，在使用 S 曲线分析的过程中，可以判断系统所处的发展阶段，推测系统今后的发展趋势，根据每一阶段各个性能参数的不同特点，进行研发和商业决策。例如在何时投放新产品获得竞争优势等。

（3）对于新技术的系统分析，可以明确系统最具有前景的技术方向，例如新能源电动汽车最具有前景的技术方向是电池和充电速度，对于未来的技术研发具有很好的参考价值。

（4）S 曲线可以将系统与社会和商业因素联系起来，尤其是企业产生的经济价值对于技术的需求，在 S 曲线中可以较好地体现出来。

（5）S 曲线能够提供基于技术分析的商业战略。例如，通过对 S 曲线的分析，企业可以进行决策：是否将前一个技术中获得的大量利润投入到新技术研发的储备中去（新技术研发）；或者将现有的经济利润用来扩充现有技术的市场（开拓市场）；对于不同的阶段，企业要根据实际情况采取不同的决策。

二、技术系统进化法则

技术系统的进化是指实现系统功能的技术从低级向高级变化的过程。人类的大脑进化也是如此，从最初一点一点发展到现在，脑细胞的容量越来越大，这就是智力发展的结果。TRIZ 技术系统进化理论指出，技术系统一直处于进化之中，解决技术系统矛盾是进化的推动力。所以技术系统的进化都遵循一定的客观规律。1976 年，阿奇舒勒针对技术系统进化演变的规律，从大量的发明专利中提炼出技术系统的一般发展轨迹，并在《创造是精确的科学》一书中正式发表了这些法则。随后，TRIZ 研究者们从不同的角度完善和丰富了进化法则的内涵。技术系统进化法则可分为两类——生存法则和发展法则，其中生存法则有三条，发展法则有五条。下面让我们来看看它们具体的内涵。

（一）三条生存法则

一个技术系统必须通过多个元素的有机组合使其发挥功能，例如飞机具有飞行的功能，但是组成飞机的任意一个零部件单独使用都无法完成这一功能，只有将所有的零件或组件装配起来之后，才可能实现飞行。因此，生存法则要求，一个技术系统必须同时满足这些法则的要求才能“生存”。

1. 系统完备性法则

一个完整的技术系统包含动力装置、传输装置、执行装置、控制装置四个部件（图 4-29），缺一不可。其中，动力装置是将能量源中的能量转化为系统所需的能源，传输装置是将动力装置输出的能量或场传递给执行装置，执行装置对系统作用对象实现功能，控制装置对整个系统进行控制，协调其他部分之间的操作。如果有一个部件缺失，就无法构成有效的技术系统，但是可以以缺失的部件作为技术研发发展方向。

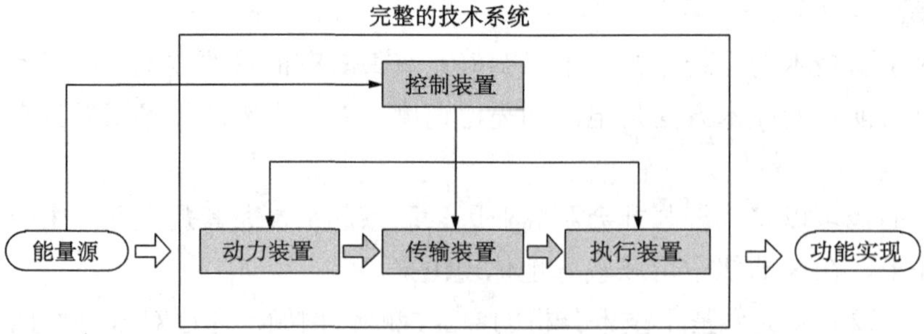

图 4-29　组成技术系统的四个部件

对于特殊的系统，有些部件是随着人们认识的提高而逐渐被发现的。早期的飞机飞行速度慢，飞行高度只有十几米，飞行员不需要降落伞，而如今，飞机飞行的高度能达到两万多米，速度非常快，当高空发生危险时，无法自行跳出机舱用降落伞逃生，因此需要用一种弹射系统，利用内力的作用将飞行员推出机舱外，之后再通过降落伞进行逃生。因此，一架飞机除了动力装置、传输装置、执行装置、控制装置以外，还需要增加一个逃生装置，这就是通过人们的认知而增加进去的系统部件。

2. 能量传递法则

一个技术系统除了具备基本的完整配置外，各部件之间还存在着能量的传递。能量传递法则指出，技术系统要实现其功能，必须保证能量从能量源流向技术系统的其他元件。如果技术系统中某个元件接收不到能量，它就不能产生效用，整个技术系统无法执行有用功能，或者出现有用功能不足的现象。就像多米诺骨牌一样，第一枚骨牌会让其余骨牌产生一系列连锁反应，一旦其中有一个骨牌接收不到能量，就会影响到整体的功能。根据能量守恒定律，能量既不可能凭空出现，也不可能凭空消失，只要做功，就一定会消耗能量。一个技术系统需要完成某种功能，就意味着能量的消耗。技术系统应沿着能量流动最短的方向发展，以减少能量损失，具体措施如下：

（1）尽可能使用同一种形式的能量贯穿整个系统，减少能量转换造成的能量损耗；

（2）缩短各部件之间能量传递的路径，减少能量的损失；

（3）如果部件可以更换，将不易控制的场替换为易控制的场；

（4）提升对系统外部能量和内部多余能量的利用率。

3. 协调性法则

技术系统要发挥正常作用的另一个必要条件，就是需要各个部件在结构、性能、频率等方面保持协调。协调性法则的内容包括：

（1）系统内协调。系统内协调指的是技术系统内部的所有子系统彼此协调。为了使整个系统能够实现功能，需要协调各子系统之间的参数，彼此兼容。如前面提到的早期自行车前后轮大小不一致，骑车的人很容易摔倒，如今的自行车前后轮大小一致，骑行舒适度明显提高。

（2）与超系统协调。技术系统除了在子系统内部保持一致，还要与超系统保持协调。如坦克在外形上不断与周围的环境相适应，在作战中起到更好的隐蔽效果。

（3）蓄意反协调与动态协调。在多个子系统之间、子系统与系统之间、系统与超系统之间进行反协调或动态协调，使技术系统更有效地发挥作用。这也是协调性法则中的高级形式。

一般可以从以下三个方面来提高系统的协调性：

（1）结构上协调，子系统之间、子系统与超系统之间保持参数匹配，如杯子与杯盖、耳机与插孔等；

（2）性能参数协调，具体体现在电压、功率、作用力等；

（3）工作节奏或频率上协调，具体表现在转速、频率、信息传输等。

（二）五条发展法则

1. 提高理想度法则

上一节最终理想解中，我们对理想度的定义和公式做了具体的阐述和分析。让我们再一次回顾理想度的公式：

理想度=效益之和/（有害功能之和+成本之和），即

$$I=\sum B/\left(\sum H+\sum C\right)$$

理想度与技术系统的有用功能成正比，与有害功能之和、总成本成反比，当理想度不断增加趋于无穷大时，技术系统也趋近于理想系统。任何技术系统，在其生命周期之中，是沿着提高其理想度向最理想系统的方向进化的，提高理想度法则代表着所有技术系统进化法则的最终方向。理想化是推动系统进化的主要动力。结合前面讨论的S曲线，提高理想度法则是如何应用的呢？

如图4-30所示，我们追求的最终理想是使有用功能越来越高，有害功能和成本越来越低。在S曲线的第一阶段婴儿期，我们需要改善功能，降低成本，如汽车的例子，在最初的时候主要任务是提高汽车的速度，同时需要降低制造成本；在第二阶段成长期，成本得到了进一步控制，然而速度没有得到明显提升，因此加大大马力发动机的研究力度，提高有用功能的性能可能使成本上升，但是有用功能提高的速率高于成本上升的速率。第三阶段成熟期，有用功能基本实现，没有多余提升的空间，如汽车的速度已到达极限，开始以降低成本为主要出发点。第四阶段衰退期，通过降低功能换取更低的成本去赢得市场，如国内一些品牌的汽车将各项配置降低并以低价格售卖给顾客。

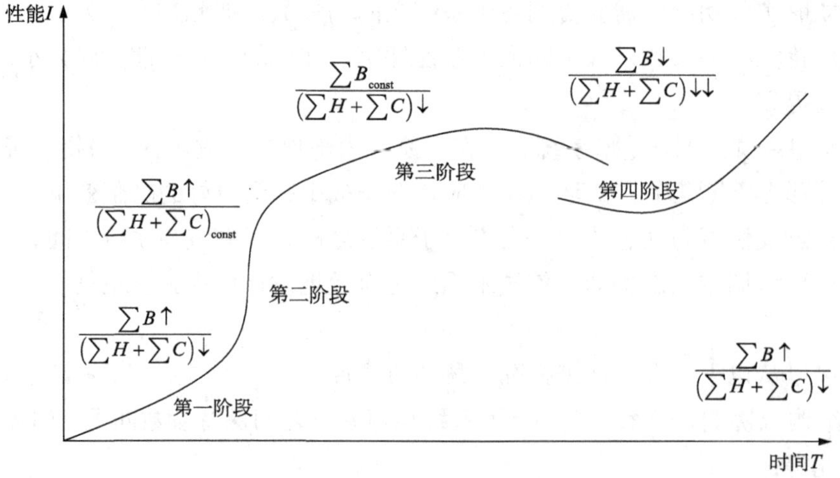

图4-30 提高理想度法则在S曲线中的应用

S 曲线的进化用来描述工程技术系统的演化发展，在不同的进化阶段，理想度的目标是不同的，因此要学会在不同的阶段应用相对应的理想度。提高理想度是技术发展背后的深层次推动力，提高理想度法则是 S 曲线进化法则的子趋势，其他进化法则是提高理想度法则的子趋势。

2. 子系统不均衡进化法则

技术系统由多个实现各自功能的子系统（元件）组成，每个子系统及子系统间的进化都存在着不均衡。子系统不均衡进化法则的基本内容有：

（1）技术系统中每个子系统都有自己的 S 曲线，且不同步、不均衡进化；

（2）技术系统中进化最慢的子系统决定了整个技术系统的进化速度和水平（木桶效应）；

（3）不均衡的进化通常会导致子系统之间产生矛盾，解决了这个矛盾，整个系统会产生突破性的进化。

木桶效应告诉我们，一个用多个木板箍成的木桶，它的盛水量是由最短的木板来决定的。同样，在一个系统中，人们对于某一个阶段某些方面的关注程度不同使得子系统发展不均衡。如最初的老式汽车，人们关注的是速度，进而不断地将技术性能研发放到提高速度上，发明出了各种大马力的发动机。到了一定阶段，速度得到了显著提升，但随之造成的是各种交通事故，人们的生命受到威胁。此时人们的关注点转向安全问题，技术研发向安全气囊、急刹系统转移。因此在不同的技术阶段，人们关注点的不同导致了系统存在一些短板。如果人们能很快地发现系统内的短板，尽早地找到这些短板的技术点并进行研发，就能更早地进入到市场中抢占有利位置。利用这一法则的知识，可以帮助创造者及时发现并改进最不理想的子系统。

【应用实例 4-13】

自行车的进化

早期的自行车脚蹬是安装在前轮之上，脚蹬一圈，自行车前轮转动一圈。为了增加自行车行驶的距离，人们将前轮加大，使周长增大，自行车在行驶的过程中距离果然变大了。然而，这种自行车转向并不方便，遇到障碍物，大轮子会发生震动使自行车倾斜，骑车的人就会失去平衡而摔倒。因加大行驶距离而导致自行车失去系统的平衡性，这就是当时自行车的短板。为了弥补这个短板，同时又不使原来传动效率丧失，研究出链条传动系统，用后轮的转动推动车子的前进，且前后轮大小一致有利于保持平衡，满足了人们对自行车的要求（图 4-31）。

图 4-31　早期自行车与现代自行车

在 S 进化曲线的不同阶段，子系统的不均衡进化法则表现为：在婴儿期开发集中于主要功能（速度），成长期和成熟期开发集中在完善辅助功能上（平衡系统），衰退期开发集中在与主要功能无关的功能（舒适度）（图 4-32）。

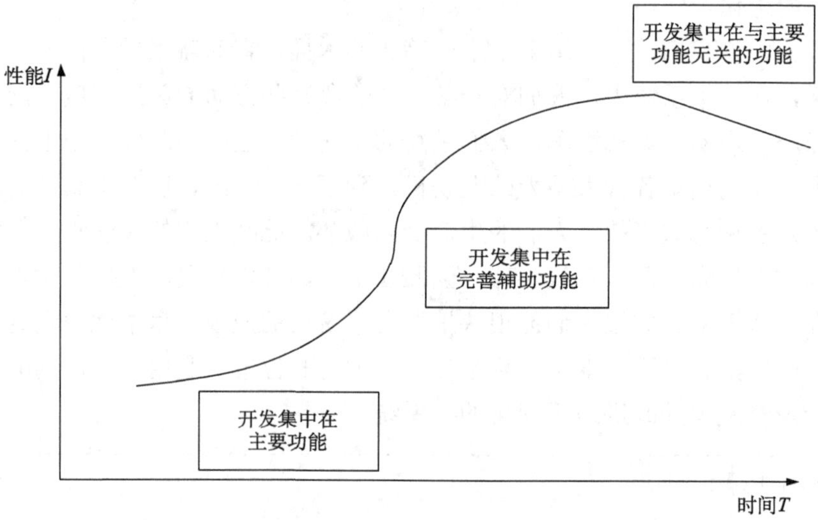

图 4-32　子系统不均衡进化法则在 S 曲线中的表现

3. 向超系统进化法则

一个技术系统内的资源是有限的，为了更好地实现原来的功能，需要向超系统转移，借助超系统中的资源进化。向超系统进化的方式有：

（1）将子系统剥离至超系统。当一个系统进化到极限时，其子系统会从原系统中分离出来并转移到超系统中，成为超系统的一个子系统，此时超系统将为这个子系统提供资源，原来的系统也得到了简化。

（2）沿着“单系统—双系统—多系统”方向进化。通常一个系统与其他系统结合后，所得到的双系统或多系统中的部件就会成为更高层次的单系统，原系统成为超系统的一部分。如洗衣机的进化，就经历了“单功能单筒洗衣机—双功能双桶洗衣机—洗甩双功能的单筒洗衣机—洗、甩、烘多功能单筒洗衣机”的向超系统进化过程。

4. 向微观级进化法则

早期技术系统的发展主要是通过增加子系统的数量来丰富系统的功能，然而这不可避免地造成了能量的损耗和成本的增加。为了提高理想度水平，我们需要在保证更好实现原有功能的基础上，减小组成元素的大小来降低损耗和成本，这就是整体系统向微观级进化的原因。最典型的例子就是计算机的进化过程，早期的施乐公司研发出来的计算机体积大，使用很不方便，如今，轻薄的笔记本电脑容易携带，方便了人们的工作和生活。另外，播放机的进化过程也遵循了向微观级进化的法则：录音机—随身听—便携CD—MP3。

5. 动态性进化法则

动态性进化法则是指，技术系统的动态性进化沿着增加结构柔性、可移动性、可控性的方向发展，以适应环境状况或执行方式的变化。

1）增加结构柔性

技术系统是由刚性结构逐渐向更具灵活性的柔性结构发展的：刚体→单铰链→多铰链→柔性体→液体/气体→场。常见的例子如锁具的进化，从最初的挂锁，到可变换形状的链条锁，再到可智能识别的电子锁、掌静脉指纹锁、虹膜检测锁等，都遵循着柔性结构进化的趋势（图 4-33）。

挂锁　　链条锁　　电子锁　　指纹锁

图 4-33　锁的进化趋势

2）增加可移动性

不可动系统→部分可动系统→高度可动系统

例如，最早的固定电话只能局限在一个空间里使用，很不方便，人们研发出了可在多个空间使用的子母机，然而当人们外出时却无法将子母机带在身上使用，因而发明了现在的可移动电话，大大方便了人们的生活（图 4-34）。

固定电话　　　　子母机　　　　手机

图 4-34　电话的进化趋势

3）增加可控性

无控制→直接控制→间接控制→反馈控制→自动控制

如灯具的控制，由普通的开关控制，慢慢改进为声控、光控，到如今已经出现了光感自动调节亮度的灯具，这个过程遵循了可控性进化的趋势。

三、技术系统进化法则的应用意义

技术系统进化法则在有效提高发明问题解决的效率方面发挥着重要作用，其应用意义体现如下。

1. 确定产品核心技术在 S 曲线上的位置

产品具有的不同的成长周期，显示出的特点是不同的，技术系统进化法则能帮助确定产品或技术在 S 曲线上的位置，进而做出相应的改进措施。

2. 确定产品目前及今后的发展目标

理想度可以帮助人们确定产品当前及未来的发展方向。如电动汽车未来的发展目标是快速充电和电池容量的研发，未来在这些目标达成之后，再基于当前的目标制定更好的发展目标。

3. 确定应当避免的投资失误

对于公司的商业决策，技术系统进化法则可以为企业提供可靠的技术参考。如在成长期进行产品的市场开拓，在衰退期进行新产品的研发等，决策的做出需要基于系统当前所处的位置来判断。

4. 形成产品或技术系统研发的战略目标

以苹果手机为例，从第一代到最新款，手机的性能和外观等都在不停地改进，手机的解锁方式从原先的无此功能，到按键解锁，再到指纹解锁、人脸识别，未来20代、30代的苹果手机又是什么样的呢？除了外观等一些容易被模仿的性能，企业要根据时代发展和市场需求，形成产品或技术系统研发的战略目标。

问题思考

1. 结合身边的问题利用发明原理去解决。
2. 举一个例子对自己所使用的物品分析其设计原理。
3. 物场分析的一般解法有几种？具体是什么。
4. 请画出“用拖把拖地”的物场模型。
5. 科学效应解决问题的一般步骤是什么？请结合身边的例子进行分析。
6. 最终理想解的解题思路是什么？
7. 按照S曲线，分析电脑的发展趋势。
8. 利用技术系统进化的八大法则，你认为华为手机今后会向哪个方向发展？
9. 下列这些词中，哪些是物质？哪些是场？

水、阳光、氧气、别针、摩擦力、人、公路、电、磁场、杯子、汽车、超声波、水蒸气、太阳、温度、大型计算机、螺钉……

附录　40个发明原理内涵及实例

下面是对上述 40 个发明原理的具体介绍，大部分发明原理包括几种具体的应用方法。本节将对每个发明原理做简单的介绍，并给出相应的应用实例。

IP1　分割原理

（1）把一个物体分成相互独立的部分：

①将计算机工作站的主机分解成个人电脑；

②将巨型载重汽车分解成卡车及拖车；

③大型项目设置多个子项目。

（2）将物体分成容易组装和拆卸的部分：

①由很多零散的夹块制成的夹具可以夹紧各种工件；

②消防器材中铅管的可快速拆卸连接。

（3）提高物体的可分性：

活动百叶窗替代整体窗帘。

IP2 抽出原理

（1）将部分或特性与对象分离：

①空气压缩机工作，将其产生噪声的部分移到室外；

②在发生交通事故的时候把容易引起爆炸的油箱扔掉。

（2）将唯一需要的部分（所需特性）单独列出：

用电子狗代替真狗充当警卫，以减少伤人事件的发生和减少环境污染。

IP3 局部特性原理

（1）从对象的均匀结构（或外部环境、外部作用）过渡到非均匀结构：

让系统的温度、密度、压力由恒定值改为按一定的斜率增长。

（2）让对象的不同部分具有或执行不同的功能：

①带橡皮的铅笔；

②羊角锤（既可以起钉子，又可以钉钉子）。

（3）让物体的各部分功能尽量保持在一定条件下的最佳状态：

在食盒中设置间隔，在不同的间隔内放置不同的食物，避免相互影响味道。

IP4 不对称原理

（1）将物体从对称形状过渡为不对称的：

为增强混合功能，在对称容器中用不对称的搅拌装置（水泥搅拌车、蛋糕搅拌机）。

（2）增强不对称物体的不对称程度：

为增强防水保温性，建筑上采用多重坡屋顶。

IP5 合并原理

（1）组合用于连续操作的类似对象或对象：

①在网络中使用个人电脑；

②在计算机中安装成百上千的微处理器；

③戟是戈和矛的合体，兼有戈用于钩、矛用于刺两种作用。

（2）在时间上组合类似或连续的操作：

混凝土搅拌机在运输途中进行搅拌。

IP6 普遍性原理

由一个对象执行几个不同的功能，不再需要其他对象（进而裁剪其他物体）：

可移动的儿童安全椅，既可放在汽车内、拿出汽车外，也可单独作为儿童车。

IP7 嵌套原理

（1）把一个物体嵌入另一物体中，然后将这两个物体再嵌入第三个物体中，依次类推：

俄罗斯套娃。

（2）一个物体通过另一个物体的空腔：

①卷尺；

②汽车安全带；

③抽屉。

IP8　反重量原理

（1）将某一物体与另一能提供升力的物体组合，以补偿其重量：

用氦气球悬挂广告牌。

（2）通过与环境（利用空气动力、流体动力或其他力等）的相互作用实现物体的重量补偿：

飞机的机翼。

IP9　预先反作用原理

（1）预先施加应力，以抵消工作状态下不期望的过大应力：

在灌注混凝土之前，对钢筋预加应力。

（2）如果问题定义中需要某种作用，那么预先施加反作用。

IP10　预先作用原理

（1）预先对物体（全部或至少部分）施加必要的改变：

手术前将手术器具按所用顺序排列整齐。

（2）预先安置物体，使其在最方便的位置开始发挥作用而不浪费运送时间：

建筑内通道里安置的灭火器。

IP11　事先缓冲原理

使用事先准备好的应急方法对对象相对较低的可靠性进行补偿：

①显影剂可依据胶卷底片上的磁性条来弥补曝光不足；

②航天飞机的备用输氧装置；

③汽车上的备胎。

IP12　等势原理

改变操作条件，以减少物体提升或下降的需要：

①巴拿马运河的水闸；

②搬运货物的叉车；

③电梯代替楼梯。

IP13　反演原理

（1）不采取由问题的条件所决定的行动，而采取相反的行动：

吸尘器的前身是吹尘器。

（2）使物体（或外部环境）的移动部分不动，而不动部分应使其移动：

①加工中心中变工具旋转为工件旋转；

②健身器材中的跑步机。

（3）将对象颠倒或翻转：

钻井火箭是把升空火箭倒转 180°，朝地下发射。

IP14　曲面化原理

（1）将物体的直线、平面部分用曲线或球面代替：

①变平行六面体或立方体结构为球形结构；

②两表面间引入圆倒角，减少应力集中。

（2）使用滚筒、球、螺旋结构：

①千斤顶中螺旋机构可产生很大的升举力；

②螺钉。

（3）改直线运动为旋转运动，应用离心力：

使用鼠标在计算机上画直线。

IP15　动态性原理

（1）改变对象（或外部环境）的特征，使其在每一工作阶段都能最有效：

①飞机中的自动导航系统；

②自动调焦相机；

③陀螺仪。

（2）把物体分成可以互相移动的部分：

①装卸货物的铲车，通过铰链连接两个半圆形铲斗，可以自由开闭，装卸货物时张开，铲车移动时铲斗闭合；

②偏转翼飞机；

③双锥混合机。

（3）一个物体整体是静止的，使其移动或可转动：

在医疗检查中，使用挠性肠镜。

IP16　不足或过量作用原理

如果所期望的效果难以百分之百实现，可用同样的方法完成“稍少”或“稍多”一点，使问题简化：

①为了防止迟到，可以将闹钟调快几分钟；

②在孔中填充过多的石膏，然后打磨平滑。

IP17　多维化原理

（1）将物体由一维运动变为二维运动或由二维运动变为三维运动：

①用空间红外光鼠标进行虚拟操作；

②立体停车场。

（2）利用多层结构替代单层结构：

双层大巴。

（3）将对象倾斜或侧向放置：

自动垃圾卸载车。

（4）利用物体所提供面的反面：

①印刷电路板的芯片安装在两面；
②双面胶。

IP18　振动原理

（1）使物体处于振动状态：
①用筛子筛米；
②手机在开会时处于振动状态。
（2）如果已处于振动状态，提高振动频率（直至超声振动）：
电钻。
（3）利用共振频率：
超声波碎石机击碎胆结石。
（4）用压电振动代替机械振动：
高精度时钟使用石英振动机芯。
（5）将超声波振动和电磁场结合：
超声波振动和电磁场共用，在感应炉中混合金属，使其混合均匀。

IP19　周期性作用原理

（1）用周期性动作或脉冲动作代替连续动作：
蛙泳分为一次划手、一次蹬腿、一次头出水面的组合，完成一次呼吸。
（2）如果周期性动作正在进行，改变其运动频率：
①用频率调音代替摩尔电码；
②使用 AM（调幅）、FM（调频）、PWM（脉宽调制）来传输信息。
（3）利用脉冲周期中的间隙来执行另一有用动作：
接线员利用通话间隙喝水。

IP20　有效持续作用原理

（1）使对象的所有组件应始终满负荷工作，以提供持续可靠的性能。
（2）消除空闲和间歇性动作：
①电脑后台打印，不耽误前台工作；
②在两辆并行的火车上进行货物的装卸。

IP21　急速作用原理

以极快的速度进行危险或有害的流程或步骤：
①快速冷冻鸡肉，防止鸡肉变质；
②高速切割，防止材料变形。

IP22　变害为利原理

（1）运用有害因素（特别是对环境有害的作用）取得有利效果：
①废热发电；
②回收废物二次利用，如再生纸。

（2）通过与另一有害因素结合来消除有害因素：

①潜水中用氦氧混合气体，以避免单用造成昏迷或中毒；

②“以毒攻毒”。

（3）维持或加强有害因素直至它不再产生破坏性：

森林灭火时用逆火灭火（在森林灭火时，为熄灭或控制即将到来的野火蔓延，燃起另一堆火将即将到来的野火的通道区域烧光）。

IP23　反馈原理

（1）在系统中引入反馈：

①声控开关；

②出租车上的时速提示系统；

③自动控制系统。

（2）如果已引入反馈，改变其大小或作用：

①在5公里航程范围内，改变导航系数的敏感区域；

②自动调温器的负反馈装置。

IP24　中介原理

（1）使用中间对象传输或转换操作：

①用刷子涂眼影和腮红；

②用镊子拔眉毛。

（2）把一物体与另一容易去除的物体暂时结合：

方便拿纸杯的杯托。

IP25　自助服务原理

（1）让物体通过执行辅助或维护功能为自身服务：

自补水和排水的洗衣机。

（2）利用废弃的物质资源及能源：

①利用发电过程产生的热量取暖；

②用动物的粪便做肥料。

IP26　复制原理

（1）用经过简化的廉价复制品代替复杂的、昂贵的、不易获得的、易碎的材料：

①虚拟现实系统，如虚拟训练飞行员系统；

②看电视直播，而不到现场。

（2）用光学复制品（图像）代替实物或实物系统：

①用卫星相片代替实地考察；

②由图片测量实物尺寸。

（3）如果已使用了可见光复制品，可用红外光或紫外光复制品代替：

利用紫外光诱杀蚊蝇。

IP27　廉价替代品原理

用若干便宜的物体代替昂贵的物体，同时降低某些质量要求（例如工作寿命）：

①用一次性的物品，如一次性的餐具；

②假发。

IP28　机械系统替代原理

（1）用声学、光学、嗅觉系统替代机械系统：

①用声控开关代替机械开关；

②在煤气中掺入难闻气体，警告使用者气体泄漏（替代机械或电子传感器）。

（2）用动态场替代静态场，用确定场替代随机场：

早期的通信系统用全方位广播，现在用特定发射方式的天线。

（3）使用与物体相互作用的电场、磁场或电磁场：

为混合两种粉末，用电磁场代替机械振动使粉末混合均匀。

（4）场与铁磁粒子的联合使用：

用不同的磁场加热含磁粒子的物质，当温度达到一定程度时，物质变成顺磁，不再吸收热量，来达到恒温的目的。

IP29　气压或液压结构原理

将物体的固体部分用气体或流体代替（如充气结构、充液结构、气垫、液体静力结构和流体动力结构）：

①汽车减速时液压系统储存能量，在汽车加速时再释放能量；

②运输易损物品时，经常使用发泡材料保护；

③充气枕头；

④水枕头。

IP30　柔性壳体或薄膜结构原理

（1）使用柔性壳体或薄膜代替标准结构：

①布衣柜；

②简易储物袋。

（2）使用柔性壳体或薄膜，将物体与环境隔离：

在冰箱保存食物的保鲜袋、保鲜膜。

IP31　多孔材料原理

（1）使物体具有多孔性或加入多孔物体（如多孔嵌入物或覆盖物）：

①为减轻物体重量，在物体上钻孔，或使用多孔性材料；

②建筑用的多孔砖。

（2）如果物体是多孔结构，在小孔中事先填入某种物质：

用海绵储存液态氮。

IP32　变换颜色原理

（1）改变物体或环境的颜色：

①在暗室中使用安全灯，做警戒色；

②变色龙。

（2）改变物体或环境的透明度：

感光太阳镜。

（3）利用着色剂观察看不到的对象或过程，若已应用此类着色剂，则引入发光示踪剂或示踪原子：

紫外光笔辨别伪钞。

IP33　同质原理

存在相互作用的物体用相同材料或特性相近的材料制成：

①方便面的料包外包装用可食性材料制造；

②用金刚石切割钻石，切割产生的粉末可以回收。

IP34　自弃与修复原理

（1）采用溶解、蒸发等手段抛弃系统中已完成功能的多余部分，或在系统运行过程中直接修改它们：

①可溶性的药物胶囊；

②火箭助推器在完成其作用后立即分离。

（2）在工作过程中迅速补充系统或物体中消耗的部分：

①草坪剪草机的自锐系统；

②自动铅笔。

IP35　物理或化学状态改变原理

（1）改变聚集态（物态）：

①石油气用液态运输，不用气态运输，以减少体积和成本；

②固态水。

（2）改变物体的浓度或密度。

（3）改变系统的柔性：

硫化橡胶改变了橡胶的柔性和耐用性。

（4）改变物体的温度：

①用冰箱改变食物保存时的温度；

②降低医用标本保存温度，以备后期解剖。

IP36　相变原理

利用物质相变时产生的某种现象，如体积改变、吸热或放热：

使用干冰灭火。

IP37　热膨胀原理

（1）利用材料的热膨胀（或收缩）：

①在寒冷的地方铺设光纤时，需要在管道旁边挖一些小的沟壑；

②北方的水泥街道需要在一定的长度内放置隔条。

（2）组合使用不同热膨胀系数的材料：

双金属片。

IP38　强氧化作用原理

（1）用富氧空气代替普通空气：

①为持久在水下呼吸，水中呼吸器中储存浓缩空气；

②缺氧人群可以使用吸氧机。

（2）用纯氧代替富氧空气：

①用高压纯氧杀灭伤口厌氧细菌；

②用乙炔-氧代替乙炔-空气切割金属。

（3）用离子化氧代替纯氧：

①使用离子空气清新机；

②在化学试验中使用离子化氧加速化学反应。

（4）用臭氧替代离子化氧：

臭氧溶于水中去除船体上的有机污染物。

IP39　惰性介质原理

（1）用惰性环境替代通常环境：

用氩气等惰性气体填充灯泡，做成霓虹灯。

（2）使用真空环境：

钨丝灯泡内部抽成真空。

IP40　复合材料原理

用复合材料代替单一或均质材料：

①玻璃钢；

②陶瓷合金；

③金属合金。

目前，TRIZ 理论提供的 40 个发明原理已经在包括机械、电子、化学、生产过程及建筑技术，甚至生物技术和质量管理等领域得到广泛应用。

第五章

TRIZ 方法应用

处处是创造之地，天天是创造之时，人人是创造之人。

——陶行知

学习要求　通过学习 TRIZ 方法的综合运用和工具选择，掌握 TRIZ 解决问题的一般方法

综合运用 TRIZ 的解题流程，解决一般创新问题

学会运用 TRIZ 指导解决我们在实际工作生活中遇到的问题，提升我们的创新创造能力

结合 TRIZ 方法应用实例，选取日常生活中感兴趣的问题进行描述分析并加以创新创造

实践是理论的源泉，理论又指导着实践。我们每个人通过对 TRIZ 理论和相关知识的学习，及其在实践中的运用，都有可能成为发现者、研究者、探索者。但在实际的应用中，我们会发现即使已经掌握了 TRIZ 的相关理论知识和方法，但是未必会运用它来解决问题，实现创新创造。TRIZ 方法的应用需要我们在长期的学习实践中不断摸索。

遇到一个具体问题，面对众多的创新方法，该用哪一种方法解决问题，主要取决于遇到问题的初始状态。问题的初始状态千姿百态。一个已知系统，要它实现一个有用的功能，它必然会伴生一个有害的功能。譬如，用锤子砸核桃这个技术系统，要实现的有用功能是获得完整核桃仁，伴生的有害功能是把核桃仁砸碎了。这就是一个技术矛盾的问题，一方的改善（获得完整核桃仁）同时引起另一方恶化（把核桃仁砸碎了）。解决这

个问题就是要消除恶化，不要把核桃仁砸碎。这里把砸核桃整个系统看成是一个事物。这里有一个问题，核桃仁是怎么碎的？核桃仁是被锤子砸碎的。于是，锤子和核桃又构成一个物场矛盾。这告诉我们用锤子砸核桃这一技术系统中又包含了物场矛盾，因此解决技术矛盾的问题也可以用物场矛盾去解决。当我们进一步对砸核桃这个系统进行研究发现，解决这一问题还可以用技术系统进化法则。比如核桃被砸开后，核桃壳、核桃仁是混在一起的，这是砸核桃系统整体性的矛盾。根据进化法则，要建立双系统，除了去壳之外，还要把核桃壳分离出去，最后得到核桃仁。可见，一个具体问题，可以纳入三类矛盾之中，进行全方位的考量，以获取完善的创新成果，这就是创新方法的综合应用。

有时候，面对一个具体问题，已经明确它的要求之后，需要的并不仅是纳入某一类矛盾按程序解决矛盾，还需要利用公共资源帮助解决问题。例如，高压输电线路导线结冰，冰就会压断导线，使铁塔倾倒，造成停电事故。这里要解决的问题很明确，要消除导线上的冰雪，而消除冰雪是要消耗能源资源的。所以首要的是要确定用什么资源消除冰雪，而不是要解决什么矛盾。TRIZ 应用资源有一个重要原则，就是要尽可能应用系统内外资源解决问题，不要外加资源形成累赘。有人设计了一种机器人，放到导线上除冰，这就没有利用系统内外资源，而且是结了冰再去除冰，很不理想。系统内外有没有消除导线上冰雪的资源呢？导线里流过的电流就是可以融化冰雪的可用的能源。导线外的气温要在零摄氏度以下才需要融化冰雪，所以环境温度也是一个可以应用的资源。同时，为了使损耗减少，避免导线发热，其中的电流是很小的。但是，导线不发热就不能融化冰雪。这时很容易想到将电流放大。曾经有人采用过给导线通大电流的方法融化冰雪，但需要停电而造成损失，这个方法不可取。是否可以想象一下，找一个导线的替身包裹在导线上，让它通大电流发热，再加热导线融化冰雪？学过电学的人一看就明白这个问题属于电磁感应问题。在导线外面缠绕一个线圈，并把线圈短路起来，线圈中的导线通过交变电流，线圈中就会产生感应电流，电流大小取决于线圈电阻。当大电流流过线圈，就会使线圈发热，从而将热能传给导线，使冰雪融化。当然会有一个要求，雪花在零摄氏度以下才会飘落，所以短路线圈只在零摄氏度以下才会产生感应电流融化冰雪。否则，线圈始终通电就是浪费。这就要求线圈在零摄氏度以上不通电，电阻很大；在零摄氏度以下电阻变小通电。我们把这种线圈材料称为居里材料，居里点为零摄氏度。线圈因受到环境温度的影响，在零摄氏度以上是不会导电的，只有温度在零摄氏度以下，线圈才能通电并发热。这就比较理想地解决了线路融化冰雪的问题。高压输电线路某些路段容易结冰，就在导线上隔 5 米缠绕一个线圈，就解决了冬天导线结冰的问题。这里没有走矛盾程序，而是独立用公共资源解决问题。

资源选择合理，往往容易形成一个问题的理想解。有时面对一个问题，它就直接提出或迫使人们想到这个问题的理想解是什么。资源合理选择会成为一个理想解，物理效应的巧妙应用，往往也会成为一个理想解。譬如，温室有大量窗户要按气温高低自动开关。如何解决这个问题？传统的方法就是给每个窗户安装一套机械传动装置，由传感器控制，电机驱动。显然这样费用很高，而且系统复杂，维修困难，这个方案不可取。要简化这个系统，就要应用非机械系统，靠物理效应，寻找由温度变化引起位移的器件。最后找到的这个器件就是双金属片。由于窗户开关位移大，采用了平面螺旋双金属套管，还可以采用杠杆扩大位移。这样一来，只用了一个简单的盘状双金属套管，就解决了窗户开关问题，结构大大简化。这正是TRIZ用简单方法解决复杂难题的特点。

总之，TRIZ内容如此丰富就在于它有众多的创新方法。这些方法可以单独应用，也可以综合应用。一般根据问题的初始状态，选择创新方法。为了比较顺利地解决问题，希望获得更多更好的方案，往往会试图综合应用多种创新方法，特别是遇到困难的时候，各种创新方法都可以试一试。

第一节　TRIZ解决问题的流程

TRIZ作为一种解决问题的理论和方法学体系，为我们解决问题提供了具体的思路和步骤。TRIZ包含着两大工具集：一个是分析问题工具，包括组件分析、功能分析、因果分析、资源分析等；另一个是解决问题工具，包括发明原理、矛盾分析、物场分析、进化理论等。其中，解决问题工具是对人们解决问题的一般性规律和方法的系统性总结，具有普适性，可用于指导解决各类创新问题。例如，技术系统的八大进化法则和S曲线，在预测市场需求、产品发展方向从而作出前瞻性决策、产生新技术、进行专利规避、制定企业战略和指导设计活动中可以应用；通过工程参数对问题进行提炼和描述，确定是技术矛盾或者物理矛盾，在此基础上查找矛盾矩阵或通过分离方法和发明原理，得出解决方案模型；通过定义问题的最终理想解以明确理想解所在的方向和位置，可以确保在解决问题过程中，沿着预定目标前进并获得最终理想解，提高创新设计效率；物场分析法则是通过建立问题模型对系统内的问题进行正确描述，然后用符号语言清晰地表达出技术系统的功能、系统的构成要素及各要素之间的联系；发明问题的标准解法是针对物场模型所描述的标准问题的解法，共有76个。对于一个具体的发明问题，我们可以将其转化为TRIZ的标准问题，再利用上述工具进行求解，从而获得解决问题的模型和方案。

第二章中我们已简单介绍了TRIZ的解题流程，一般主要包含以下四个步骤，本节将展开叙述。

一、问题发现

发现问题是创新创造的前提，在解决问题的过程中，通过对问题的定性描述来发现设计中的矛盾，从而使一些抽象的问题变得具体化，一些深奥的道理变得形象化，还可以使一些枯燥的知识变得趣味化，在此基础上可以激发人们发现问题和探究问题的欲望。发现问题可以有不同的角度，即不同的问题情境，大致可以概括为四种：一是以自然和生活为背景创设的问题情境，二是利用社会实践的经验创设的问题情境，三是以实验探究为背景创设的问题情境，四是以新信息为背景创设的问题情境。在不同的问题情境中可以获得与问题情境相对应的知识和技能，这样有助于我们真正理解、掌握这些知识和技能，并将其应用于解决实际问题。

二、问题分析

问题分析是创新的必经之路，问题分析的广度、深度和方式在很大程度上决定了最终的创新水平。一般情况下，面对各种情境之下创设的各种复杂的问题，我们并不能直接运用 TRIZ 解决问题工具得到满意的方案，而是首先需要对该复杂问题进行深入、具体、细致的分析，在分析中发现突破口，再根据 TRIZ 提供的方法，将一些特殊的问题转化成标准问题，然后结合我们已掌握的专业技术知识，最终得到能够满足实际需要的创新方案。

1. 问题分析的工具

问题分析的工具主要有两种：一种是演化分析工具，另一种是矛盾分析工具。其中，TRIZ 中所提供的演化分析工具包括技术进化八大法则、技术进化理论 S 曲线、STC 算子法、九屏幕法、最终理想解法等；矛盾分析工具包括资源分析、功能分析两大类，具体有矛盾矩阵、分离原理、科学效应知识库及 76 个标准解等。面对一个系统问题，我们利用上述工具进行分析，判断发展方向，并综合考虑现有的可用资源，从而设计出总体的目标或方案。

2. 问题分析的步骤

（1）描述问题，即对问题进行描述与定义，说明问题发生的条件及所在系统的组成、工作原理等。实际生活中所遇到的问题或现象，均有一定的复杂性，一个复杂系统内部往往是诸多因素相互联系、影响的。因此在 TRIZ 中，重点是对系统的功能、结构和相互作用等进行分析和描述。

（2）建立功能模型，通过对系统和超系统组件的功能以及组件间的相互作用的分析，分清哪些作用是不足的或有害的，从而找出产生系统问题的一些关键性因素。

（3）进行演化分析或矛盾分析，针对上述步骤分析出的关键性因素，进一步进行因果分析、组件价值分析、资源分析或功能结构分析等演化分析或矛盾分析。

总之，TRIZ 分析问题的过程与一般分析问题的过程不同，在于二者对处理对象的认知不同。TRIZ 的研究对象是技术系统，不是产品或者工具，是强调以系统的观点来看待我们所研究的对象。

三、问题解决

按照 TRIZ 的解题模式，在问题经过系统分析后，得到一个待解决的问题。TRIZ 解决问题有多种路径可循，不同的路径利用的中间工具不同，得到的解决方案模型也不同。同时，由于技术系统出现问题时的表现形式是多种多样的，因此，解决问题的手段也是多种多样的，关键就是要找出产生问题的根源，区分整个技术系统的问题属性，即具体的参数属性、结构属性和资源属性等。在区分这些属性的基础上，运用 TRIZ 提供的问题模型以及相应的工具，形成解决问题的方案模型（表 5-1）。

表 5-1　TRIZ 解决问题的方案模型

问题模型	工具	解决方案模型
技术矛盾（冲突）	矛盾矩阵	发明原理
物理矛盾（冲突）	分离原理	发明原理
功能模型	科学效应知识库	知识库中的方案
物场模型	76 个标准解	标准解法

（1）技术矛盾：将待解决的具体问题转化为用 39 个通用工程参数描述的技术矛盾。通过查找矛盾矩阵，找到针对问题的发明原理，即解决方案模型。

（2）物理矛盾：将待解决的问题准确描述和定义为物理矛盾。解决物理矛盾的核心思想是实现矛盾双方的分离。运用分离原理作为工具来解决物理矛盾，得到解决方案模型。

（3）功能模型：通过分析待解决问题系统中组件及组件间的相互作用关系，建立功能模型。运用科学效应知识库，产生解决方案模型。

（4）物场模型：将待解决的具体问题转化为利用物质和场来描述的标准物场模型。分析物场模型中不足、过度、有害的作用，查找对应的 76 个标准解法，得到解决方案模型。

对于问题模型的构建，同样的问题可以描述成不同的问题模型，一个复杂的问题，可以尝试各种问题模型和工具。

四、方案验证

运用 TRIZ 对问题进行分析和求解，得到的只是解决问题的模型，将模型转化为具体的可操作的方案，还需要结合一定的专业知识、工程问题处理经验等，对方案进行评估、验证，才能得到最终的解决方案。

综上所述，应用 TRIZ 解决问题是有方法、有固定的程序和步骤可以借鉴的。总体来说，第一步就是要对已知问题进行详细分析和准确定义；第二步就是按照 TRIZ 提供的方法，把需要解决的问题转化成为类似的 TRIZ 标准问题模型；第三步就是针对该问题模型，应用 TRIZ 理论总结归纳出类似的标准解决方案，形成解决方案模型；第四步是将解决方案模型结合一定的知识和实际操作运用，演绎得到问题的最终解决方案。TRIZ 的一般解题模式与流程见图 5-1。

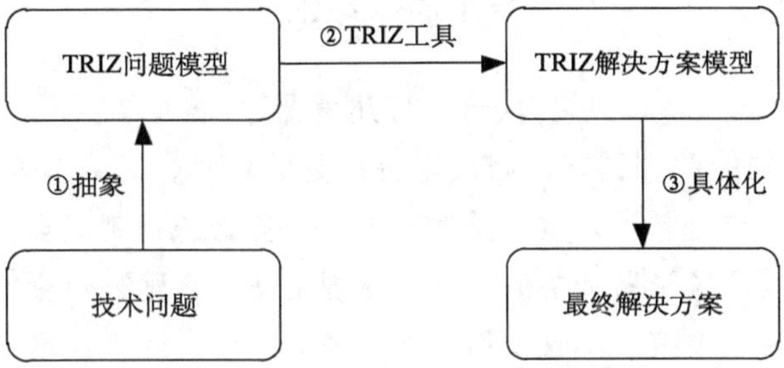

图 5-1　TRIZ 解题模式——TRIZ 桥

当然，利用 TRIZ 方法得到解决方案，绝不是个轻松的过程，它需要我们用自己的经验、专业知识、脑力劳动，在“解决方案模型”和实际的解决方案中间建立起桥梁，才能大功告成。

TRIZ 解决流程中要注意的问题如下。

（1）问题发现是问题解决的基础，因此 TRIZ 理论要求我们必须将所遇到的具体问题进行非常清楚的定义。定义越清楚，解决问题的可能性才会越大。反之，如果问题没有分析清楚，也就无从着手解决。

（2）在将具体问题抽象成一个一般化的问题时，要善于利用因果分析和功能模型分析两个方法，抽丝剥茧，快速发现问题根源，找到突破口。

（3）抽象成一般化的问题之后，我们可以根据 TRIZ 工具，如标准解、发明原理、科学效应知识库、技术发展趋势等找到类似问题的一般解决方案。

（4）TRIZ 仅仅是一套解决问题的方法理论，最终还需要我们运用自己的知识技能结合具体的项目转化成具体的解决方案。

第二节　TRIZ 应用实例

TRIZ 认为，创新不是随机产生的灵感，也不是偶然的探索，而是存在于解决问题的一般规律中，这些规律为我们提供解决问题的方法和路径，并将已有解决方法建立知识库，使问题可以通过相似的方法得到解决，在此基础上实现创新创造。可见，TRIZ 是可以学习掌握并灵活运用的。为了使初学者进一步熟悉掌握 TRIZ 的应用和解题流程，本节结合 TRIZ 的综合应用实例，展示了不同类型不同领域的创新方法运用。初学者如能根据这些实例举一反三，那么我们编写本书的初衷就基本达成了。

一、工艺设计类

【应用实例 5-1】

汽车的外形设计

（一）应用背景

在汽车问世之初的欧洲国家，因汽车持有量的增加，为人和车马修建的道路变得拥挤不堪。为了改变这种情况，政府虽然采取了一些措施抑制汽车上路，鼓励生产小型的汽车，但仍然解决不了道路拥挤的问题。德国宝马和奔驰公司决定联合开发一系列新款迷你型汽车，这种小型汽车不仅使用方便，停靠方便，还可以增加道路的使用空间，缓解拥挤的交通，减轻对空气的污染，而且价格更为经济，车的性能更为可靠。

（二）问题描述

一般情况下，汽车车身的长度与安全性能有密切的关系。当车身较长时，汽车在发生碰撞时变形空间较大，能够吸收碰撞产生的能量，在一定程度上缓解了对乘车人员的冲击，减轻对其身体的伤害。但是车身较长的汽车自身的重量和体积较大，转弯半径大，且笨拙而不够机动灵活，还会因为较大的体积造成道路拥挤。相对而言，迷你型汽车不仅车身短、体积小，自身重量轻，转弯半径小，机动灵活性好，还能缓解交通拥堵。但是因为迷你型汽车的车身较短，变形缓冲性能差，在碰撞过程中对车内人员损伤较大。

（三）问题分析

根据上述的问题描述，我们会发现，汽车这一系统存在着一对矛盾冲突：如果车身长度缩短，那么车的安全性能就会降低；如果车身长度增加，体积就会增大，在一定程度上又会造成交通拥堵。进一步分析得出，汽车这一系统中的矛盾冲突是交通拥堵与安全性能的冲突。解决这一冲突的关键在于既要进一步减轻交通拥堵、提高机动灵活性，又要保证安全性能不降低。

根据上述分析，我们首先要将一般问题描述转换为 TRIZ 标准问题。本案例中提高汽车的灵活机动性可以减少拥堵，但同时也降低了汽车的安全性，因此构成了一对技术冲突。对照 39 项通用工程参数，我们可以得出如下相关参数。

一是 5 号工程参数：运动物体的面积。运动物体的面积是指运动物体被线条封闭的部分，或者是表面积，也可指运动物体内部的面积。既包括平面的面积，也包括立体的面积。此例中为物体的表面积，涉及车身的长度，是属于需要改善的参数。

二是 22 号工程参数：能量损失。此例中为车身长度减小而造成的安全性能降低。

根据上述两项工程参数查阅冲突矩阵，可以得到如下发明原理：

一是 IP15 动态性原理：改变对象(或外部环境)的特征，使其在每一工作阶段都能最有效；把物体分成可以互相移动的部分；一个物体整体是静止的，使其移动或可转动。

二是 IP17 多维化原理：将物体由一维运动变为二维运动或由二维运动变为三维运动；利用多层结构替代单层结构；将对象倾斜或侧向放置；利用物体所提供面的反面。

（四）问题解决

通过分析得知，应用 IP15 动态性原理中的“把物体分成可以互相移动的部分”，即改变迷你型汽车发动机的位置，将发动机安装在车身下部，这样不仅可改变汽车的碰撞影响区域，还可增大乘客的空间。

应用 IP17 多维化原理中的“将物体由一维运动变为二维运动或由二维运动变为三维运动”，即迷你型汽车的动力装置位于滑翔架上，车身碰撞时沿着斜面运动，能够减轻冲击力，增强抗外力变形的能力。这种迷你型汽车虽然外形小，但是内部空间却相当宽敞。

（五）方案验证

迷你型汽车通过结构上的创新设计，遵循的基本原则就是没有增加新的材料而实现了其预定功能。迷你型汽车在本身没有增加特殊材料的情况下，节省了空间，优化了性能。

【应用实例 5-2】

飞机机翼的优化设计

（一）应用背景

飞机机翼一般是平直的。最初的飞机是矩形机翼，这种机翼的翼端较宽，在飞行时会带来较大的阻力，对飞行速度产生不利影响。其后，随着英国、美国、德国等国家设计的喷气式飞机相继问世，飞机的飞行速度得到了迅速提高，能够接近音速。但是喷气式飞机的机翼表面承受的空气压力变化，使得飞机的前进阻力骤然增大，产生“音障”效应，同时增加了能耗。许多国家纷纷尝试研制新型机翼，突破“音障”。德国研制出的后掠机翼成功突破了“音障”的影响。这种机翼像燕子的翅膀一样，呈后掠的姿势，使飞机接近音速飞行时更为稳定。但是，新的问题又随之出现了。后掠机翼与平直机翼相比，在同样的条件下，前者的升力较小。

（二）问题描述

根据上述分析，系统存在的技术冲突如下。

(1) 传统机翼不适合高空飞行。原因是飞机在突破“音障”时会产生很大的阻力，导致飞机消耗的能量也相应加大，阻力大到一定程度甚至会导致飞机在空中解体。

（2）改进的机翼不适合低速飞行。原因在于飞机在相同推力条件下，产生的升力较小。当然，飞机消耗的能量也相应加大了。

总之，机翼设计这一系统的技术矛盾就是飞机的飞行速度和能量消耗之间的矛盾。

（三）问题分析

我们要解决的问题涉及两个工程参数：9 号速度参数和 19 号运动物体的能量消耗参数。根据这两个参数，在冲突矩阵表中可以得到四条发明原理：IP8 反重量原理；IP15 动态性原理；IP35 物理或化学状态改变原理；IP38 强氧化作用原理。

显然，IP8 反重量原理不适用于这一问题的解决。因为，反重量原理提供的方法有可能会使飞机的重量增加，导致速度这个技术性能恶化，且不利于机身的轻便、灵活、机动；IP38 强氧化作用原理也不适用于这一问题的解决。由于战斗机使用的是特制航空油，这种油在涡轮喷气发动机中的燃烧已经比较充分了。如果再使用强氧化作用原理来提高燃烧率，效果就不够明显。

而按照 IP15 动态性原理和 IP35 物理或化学状态改变原理提供的方法，可以对机翼进行改进，使其成为能够活动的部件。这样机翼能够在较大范围内改变“后掠角”的大小，从而满足飞机在不同飞行速度和状态下的要求。当飞机处在低速飞行状态，机翼呈平直状，可获得较大升力，可有效解决低速状态下速度与能量消耗之间的矛盾；当飞机高速飞行时，两翼后掠以减小飞行阻力，使飞机能够达到更高的安全速度。

（四）问题解决

综合考虑上述问题分析，可以得到最终的解决方案为：利用 IP15 动态性原理改变飞机的飞行状态，使其在不同的飞行状态下得到不同的气动外形，降低能耗；利用 IP35 物理或化学状态改变原理，突破传统的设计理念，在速度与能耗之间作折中性的设计，将飞机的机翼设计成可变形机翼，极大地降低了飞机在起飞、降落、高速飞行等不同状态下的能耗（平直翼在低速飞行时升力较大，借此节约了能源；可变翼在高速飞行中可轻易突破“音障”，减轻受力，同样也降低能量消耗），从而有效解决了能量和速度这一对矛盾冲突，优化了飞机性能。

（五）方案验证

根据上述分析结果和解决方案，可变翼设计既保留了平直机翼升力大的优点，又以其双翼后掠的设计，确保飞机在高速飞行时轻松突破“音障”，既降低了能耗又提高了飞行速度。结合此方案，世界上第一架可变后掠式机翼的 F-111 新型战斗机问世，开创了超音速战斗机的新纪元。此后，欧美等国设计出一系列战斗机，如德国、意大利和英国联合设计的狂风超音速战斗机等，就采用了这种全新的设计思想。

【应用实例 5-3】

冷拔钢管残余应力

（一）应用背景

高精度冷拔钢管在航空航天、高铁、工程机械等行业中应用广泛，具有良好的经济效益和社会效益，但其制造过程中产生的残余应力严重影响了产品质量。

冷拔钢管在生产过程中需承受很大的压力、剪切力和拉伸力，在这些外力的综合作用下，钢管材料内部伴随着晶粒滑移、金属纤维变化而产生较大的残余应力。不均匀的残余应力严重影响冷拔钢管的产品质量，不但使产品出现拔断、内孔变形、翘曲等问题，而且由于残余应力的缓慢释放特点，产品还会在出厂投入使用后继续缓慢变形，严重影响了产品的使用稳定性。因残余应力造成钢管失效并引发重大安全事故的事件时有发生，残余应力的检测已经迫在眉睫。

我国自 20 世纪 80 年代中期开始生产冷拔钢管以来，发展迅速，目前已达到 160 万吨/年的生产能力。但由于生产企业对于钢管冷拔过程中残余应力的产生机制、控制方法的研究还很欠缺，无法消除残余应力对钢管尺寸精度、形状精度及承载能力的影响，每年因残余应力造成的冷拔钢管残次品超过 8 万吨（约合 3 万米）。当前工业生产现场迫切需要一种可以快速、准确测量并控制冷拔钢管残余应力的技术服务。

（二）问题描述

目前业界普遍采用“钻孔法”检测钢管残余应力。其原理是在具有残余应力的构件表面上钻一个小孔，孔的邻近区域内由于部分应力释放而产生相应的位移和应变，采用粘贴应变片等方式测量这些位移和应变，最后通过换算得到钻孔处深度方向上的平均残余应力。业界使用的另一种方法是 X 射线衍射法，其原理是用一定波长的 X 射线照射到晶体材料上，通过测量衍射角变化得到晶格间距变化，再根据力学原理计算出材料的残余应力。

（三）问题分析

在冷拔钢管残余应力检测这一技术中存在的技术冲突是在冷拔钢管投入使用之前需要对每根钢管进行检测。如果采用“钻孔法”检测钢管残余应力，该方法不但操作繁复，需要破坏被测钢管，导致被测钢管不能投入使用，而且由于取样个数、取样位置的限制，无法对钢管进行全方位测量。若采用 X 射线衍射法检测钢管残余应力，虽然属于无损探测，但 X 射线对外界环境有辐射，存在一定的安全隐患，且由于其工作区间需安装防护材料，使大型工件的检测受到限制。两种检测方法均不能实现在生产线上实时检测，并且通过以上两种检测方法得到的检测结果多由人工判断给出解决方案，客观性差。

（四）问题解决

该方案将对精密冷拔钢管在生产过程中产生的残余应力的解决分为三个步骤。首先通过自主知识产权的检测设备进行检测，得出残余应力分布图，然后通过自主研制的专家系统对应力图进行复杂分析，得到残余应力类型及影响规律，最后由技术人员结合检测结果得出相应的解决方案，并依据解决方案实施解决办法，为客户解决生产过程中所产生的残余应力问题。

（1）利用自主知识产权的检测设备（冷拔钢管轴向残余应力的检测仪，图 5-2），对问题冷拔管进行主要检测，明确冷拔管体中轴向、环向残余应力的分布情况，生成应力分布图。检测过程完全可以在生产线上实时进行，同时不会对冷拔钢管造成破坏。

图 5-2　残余应力检测装置

（2）以弹塑性力学、接触力学为理论基础，分析钢管冷拔过程中接触应力的分布情况及其随时间变化的函数关系，利用大型有限元软件对冷拔管进行建模，经过计算得出其拔制过程中的各相关动态参量，确定拉拔力、正压力和摩擦力对筒体轴向、环向残余应力的影响规律。

（3）在检测技术和专家系统的辅助下，通过技术人员的分析可以得到最终的解决方案。技术人员根据客户的实际情况在五种处理方法（调直、刮削、热处理、工艺润滑、改进模具）下采用一种或多种相结合的方式进行残余应力处理。以更好的质量、更高的效率、更强的性能、更优的服务为客户解决残余应力问题。

（五）方案验证

本项技术服务在徐工集团的冷拔液压缸筒生产线上应用后，彻底解决了因应力引起的拔断问题，并控制了冷拔缸筒残余应力分布的均匀性，应用后新增利润 795 万元，为企业节约原材料折合 440 万元。经应力检测过的大型液压缸筒在后续使用中从未发生过因缸筒变形造成的卡缸现象。此外还为徐州全球通精密钢管有限公司解决了困扰企业多年的 ϕ10mm、ϕ16mm 冷拔油管应力开裂难点问题，废品率由＞5%降到了 1%左右，节约生产成本 200 万元/年以上。

（资料来源：徐州工程学院第六届“互联网+”大学生创新创业大赛暨省赛选拔赛项目，项目负责人：单成全）

二、技术创新类

【应用实例 5-4】

破冰船的技术改进

（一）应用背景

破冰船是一种在冰区航行的船舶，主要用于凿破冰层、开辟航道或运输货物。其纵向短，横向宽，船头尖而硬，通过船身左右摇摆，船头翘起、落下，从而凿破冰层，穿过被冰层封闭的航道。但是破冰船的行进速度较低，导致工作效率低下。现希望增加其前进的速度。

（二）问题描述

通常情况下，我们可尝试通过增加发动机功率来提升破冰船的前进速度，但是实际应用中发现，发动机功率增加会使传动系统的体积增加，这样船的整体重量也会随之增加，这显然不是最理想的解决方案。这就造成了航速和船身重量之间的矛盾冲突。为了提高航速，必须克服技术冲突。

（三）问题分析

当前的技术冲突为：速度与功率之间的冲突；在工程参数表中查找对应的 9 号速度参数和 21 号功率参数、39 号生产率参数，代入冲突矩阵中可以找到相应的发明原理，见表 5-2。

表 5-2　冲突矩阵

技术冲突	矩阵元素	选定的发明原理	发明原理名称
速度/功率	[9,21]	19、35、38、2	周期性作用；物理或化学状态改变；强氧化作用；抽出
生产率/功率	[39,21]	35、20、10	物理或化学状态改变；有效持续作用；预先作用

IP2 抽出原理：将部分或特性与对象分离；将唯一需要的部分（所需特性）单独列出。IP2 抽出原理提示我们，可以通过分离船头与冰接触的部分，提高速度。

IP10 预先作用原理：预先对物体（全部或至少部分）施加必要的改变；预先安置物体，使其在最方便的位置开始发挥作用而不浪费运送时间。IP10 预先作用原理提示我们，在破冰之前可对冰层进行预处理。

IP19 周期性作用原理：用周期性动作或脉冲动作代替连续动作；如果周期性动作正在进行，改变其运动频率；利用脉冲周期中的间隙来执行另一有用动作。IP19 周期性作用原理提示我们，通过改变船头翘起与落下的频率、船身左右摇摆的频率，都可能提高破冰船的速度。

IP35 物理或化学状态改变原理：改变聚集态；改变物体的浓度或密度；改变系统的柔性；改变物体的温度。

（四）问题解决

通过上述问题分析，综合发明原理，可得出问题的解决方案如下。

解决问题的关键在于改变船与冰接触的部分。破冰船一般遇到冰层比较薄时，采用“连续式”破冰法，靠螺旋桨的力量和船头把冰层劈开撞碎，速度较快。如果冰层较厚，采用重力破冰法，让船冲上冰面，利用船体的巨大重量把下面的冰层压碎，速度较慢。如要全面提升船速，设想采取一种办法，将船体分成上、下部分，用破冰刃（高铬材料制成）连接船体上、下部分，船在行进中破冰刃破冰阻力小，能使速度提高。这样还可以优化船的功能，可在冰层以下的船舱放货物，冰层以上的部分容纳乘客等。这一案例运用 TRIZ 方法既解决了技术冲突，又优化了性能。

【应用实例 5-5】

洗衣机脱水烘干技术的改进

（一）应用背景

随着生活水平的提高，人们对洗衣机的功能有了更高的要求。多功能全自动洗衣机兼具洗衣、脱水、烘干等功能，即使在阴雨天也可以快速方便地将衣物烘干。但是在开发一款集洗衣、脱水和烘干多种功能为一体的洗衣机的过程中，曾遇到这样一个问题：洗衣机脱水后对衣物进行烘干时，需要对水槽进行电加热，但加热后水槽温度会一直升高，最后高温会把衣服损坏。这个问题如何解决?

（二）问题分析

首先确定想要实现的功能。因为损坏衣服是水槽温度过高导致的，因此不能让水槽温度过高，但温度太低又不能烘干衣服。因此要实现的功能是“使水槽温度升高到一定温度时不再升高”，进一步按照 TRIZ 的要求可将功能表述为“（使水槽）稳定温度”，查询科学效应功能代码表，对应于 F4“稳定温度”。

结合实例进行分析，可以利用居里效应（超越“居里点”）。“居里点”指的是法国物理学家比埃尔·居里（1859～1906 年）发现的一种现象：当铁磁物质被加热到一定的温度，由于金属点阵中的热运动的加剧，铁磁物质将转变为顺磁物质，磁滞现象消失。使铁磁物质达到这一转变的温度称为“居里点”。

（三）问题解决

假设洗衣机里的衣服能够耐受的最高温度为 A，我们试着在洗衣机水槽的底部靠中央的部分安装一块磁铁和一块居里点温度小于 A 的磁性材料。当水槽的温度上升到接近 A 时，磁性材料达到居里点，磁性消失，水槽底部的磁铁就对磁性材料失去了吸力，这时它们之间的弹簧就会自动把二者分离开，同时带动电源开关断开，停止加热，从而实现稳定温度的功能。

（四）方案验证

通过上述方案，市面上出现的带烘干功能的洗衣机，其原理便是用高温度气流流过衣服表面，使衣物加热，其中的水分被蒸发，从而使衣物快速干燥。加热的方式有通过电热丝加热、半导体（PTC）加热等，通过调节功率，既实现了节能，也控制了衣物耐受的最高温度，安全可靠。

【应用实例 5-6】

再生资源回收系统

（一）问题描述

城市生活垃圾分类系统在我国发展相对滞后，大量城市生活垃圾未能进行有效处理，导致垃圾围城现象日益严重。国家先后出台了《关于加快推进部分重点城市生活垃圾分类工作的通知》《“无废城市”建设试点工作方案》等文件，大力倡导垃圾分类。市民的垃圾分类意识越来越强，但目前很多地区只存在可回收与不可回收垃圾装置，对垃圾缺乏更为细致的分类。垃圾分类尚未形成良性循环系统，垃圾分类工作的推进速度慢，分类运输系统不完善，作业链条尚未打通，没有得到突破性进展。

（二）问题分析

生活垃圾处理目标是实现“减量化、资源化、无害化”，而我国目前生活垃圾处理仍以卫生填埋和焚烧为主。终端垃圾处理技术设施尚未完备，资源化利用效率低，高价格原料进一步导致垃圾分类回收难。“既要保证垃圾分类回收，又要妥善处理终端垃圾，避免资源浪费”，即要兼顾“可制造性与操作流程的方便性”，这便是解决垃圾处理问题的关键所在。

将一般领域问题转化成 TRIZ 标准问题，代入 39 项通用工程参数中，试着找出问题是由哪些互相矛盾冲突的属性所引起，可得出 39 项工程参数的两项。

32 号易制造性工程参数：指物体或系统制造过程的复杂程度。这是欲改善的特性，以此作为改善的参数。

33 号易操作性工程参数：指在操作过程中，需要的人数和工具越少，操作步骤越少，则代表方便性越高。

通过上述工程参数，进一步确定解决这一问题对应的发明原理。在矛盾矩阵表中分别查找第 32 列和 33 行对应的发明原理共四个，分别是 IP2、IP5、IP13、IP16。

IP2 抽出原理：将部分或特性与对象分离；将唯一需要的部分（所需特性）单独列出。

IP5 合并原理：组合用于连续操作的类似对象或对象；在时间上组合类似或连续的操作。

IP13 反演原理：不采取由问题的条件所决定的行动，而采取相反的行动；使物体（或外部环境）的移动部分不动，而不动部分应使其移动；将对象颠倒或翻转。

IP16 不足或过量作用原理：如果所期望的效果难以百分之百实现，可用同样的方法完成"稍少"或"稍多"一点，使问题简化。

通过分析得知，上述四条原理中的 IP5 合并原理对问题的彻底解决有一定价值，其余原理对这一问题的彻底解决意义不明显，作用有限。

（三）问题解决

通过上述分析和 TRIZ 解的类比应用，可得到问题的最终解决方案：根据 IP5 合并原理"组合用于连续操作的类似对象或对象"，提示构建一种有效的回收处理模式，即设计垃圾编织袋并在其上附二维码，做到垃圾追踪到袋；源头减量垃圾不落地、预约回收；不同种垃圾不同车运送、垃圾分类到终端；通过大数据平台实现生产销售一体化。

（四）方案验证

利用 TRIZ 的冲突解决原理，通过对垃圾分类回收系统中"可制造性与操作流程的方便性"问题的解决，实现了"一降一增一改"的效果："一降"即降低了处理成本。试点发现节约垃圾焚烧费 100 多万元，降低了人员精力投入，垃圾量减少 15%～20%，同时节约土地资源。"一增"即增加了多方效益。制造方企业能更精准便捷地收到回收物资，同时也相应减少了运输成本。"一改"即改善生态环境。提高了人们对垃圾分类的重视程度，改善了旧有的垃圾运输系统。

（资料来源：徐州工程学院第五届"互联网+"大学生创新创业大赛暨省赛选拔赛项目，《绿色银行——再生资源回收系统》，徐州工程学院绿洲创业团队。项目负责人：孟洋洋）

三、功能开发类

【应用实例 5-7】

拖把的创新设计

（一）应用背景

拖把是我们日常生活中不可或缺的物品。拖把的种类、样式繁多，但是，其使用效果如何往往因人而异。有的拖把不易拧干，有的拖把不易清洗，有的拖把不够省力。总之很少有一种拖把能规避各种使用不便的问题。

（二）问题描述

现在市场上的拖把主要有传统的普通拖把（图 5-3）、机械式拧干拖把（图 5-4）、可更换布式拖把（图 5-5）、魔术拖把（图 5-6）等。综合比较起来，它们各有优缺点。

（1）普通拖把的优点是简易、廉价。但是它的缺点有很多，如不易拧干、清洗麻烦、拖地时费力等。

（2）机械式拧干拖把，其优点是便于拧干。缺点在于不便于清洗或者清洗不净等，用后晾干不彻底，易滋生细菌。

（3）可更换布式拖把的优点是可随意更换拖把布，且清洗较为容易，还可实现干湿之间的转换。但是这种拖把也存在缺点，例如，拖把布的吸水能力不强，频繁更换拖把布较麻烦，拖把柄和拖把头衔接处的牢固性不好。

图 5-3　普通拖把

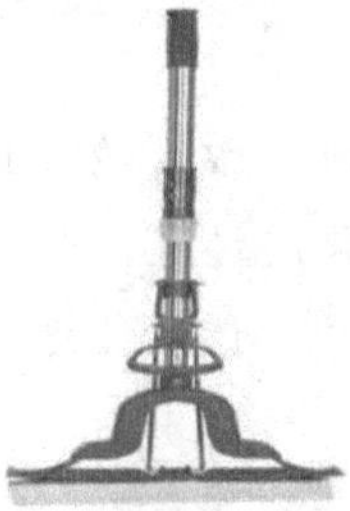

图 5-4　机械式拧干拖把

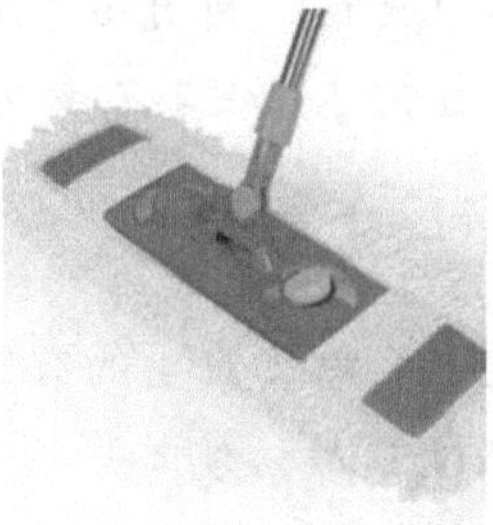

图 5-5　可更换布式拖把

图 5-6　魔术拖把

（4）魔术拖把的优点在于松紧自如、调节方便，但是由于拖把柄是直的，不能灵活掌握拖地的角度，难以拖到诸如沙发、茶几下面的地面。

（三）问题分析

通过上述问题描述，我们可以得出需要解决的问题有以下几个。

1. 解决拖把不易拧干的问题

解决这一问题需要改善的技术参数为：10 号力工程参数，即用更小的力完成同样的工作；33 号易操作性工程参数，即可以使拧干的过程更加简单，增强其可操作性。恶化的技术参数为：36 号装置的复杂性工程参数，若改善拧干功能，相对普通拖把而言，会使得装置更加复杂。

针对这一问题查找冲突矩阵，得出可供使用的解决原理如下。

IP26 复制原理：用经过简化的廉价复制品代替复杂的、昂贵的、不易获得的、易碎的材料；用光学复制品（图像）代替实物或实物系统；如果已使用了可见光复制品，可用红外光或紫外光复制品代替。

IP35 物理或化学状态改变原理：改变聚集态；改变物体的浓度或密度；改变系统的柔性；改变物体的温度。

IP10 预先作用原理：预先对物体（全部或至少部分）施加必要的改变；预先安置物体，使其在最方便的位置开始发挥作用而不浪费运送时间。

IP18 振动原理：使物体处于振动状态；如果已处于振动状态，提高振动频率（直至超声振动）；利用共振频率；用压电振动代替机械振动；将超声波振动和电磁场结合。

IP32 变换颜色原理：改变物体或环境的颜色；改变物体或环境的透明度；利用着色剂观察看不到的对象或过程，若已应用此类着色剂，则引入发光示踪剂或示踪原子。

IP25 自助服务原理：让物体通过执行辅助或维护功能为自身服务；利用废弃的物质资源及能源。

IP12 等势原理：改变操作条件，以减少物体提升或下降的需要。

IP17 多维化原理：将物体由一维运动变为二维运动或由二维运动变为三维运动；利用多层结构替代单层结构；将对象倾斜或侧向放置；利用物体所提供面的反面。

综合分析，IP10 预先作用原理中“预先安置物体，使其在最方便的位置开始发挥作用而不浪费运送时间”最有利于问题的解决。

2. 解决拖把的使用舒适度问题

解决这一问题需要改善的技术性参数为：31 号物体产生的有害因素参数，使得人体疲劳。恶化的技术性参数：36 号装置的复杂性参数，使其形状更加复杂。

针对这一问题查找冲突矩阵，得知可供使用的解决原理如下。

IP19 周期性作用原理：用周期性动作或脉冲动作代替连续动作；如果周期性动作正在进行，改变其运动频率；利用脉冲周期中的间隙来执行另一有用动作。

IP1 分割原理：把一个物体分成相互独立的部分；将物体分成容易组装和拆卸的部分；提高物体的可分性。

IP31 多孔材料原理：使物体具有多孔性或加入多孔物体（如多孔嵌入物或覆盖物）；如果物体是多孔结构，在小孔中事先填入某种物质。

综合分析，IP1 分割原理中“把物体分成独立的部分”最有利于问题的解决。

3. 解决拖把清洁和擦干的问题

解决这一问题需要改善的技术性参数为：35 号适应性、多样性参数。恶化的技术性参数为：36 号装置的复杂性参数。

针对这一问题查找冲突矩阵，得知可供使用的解决原理如下。

IP15 动态性原理：改变对象(或外部环境)的特征，使其在每一工作阶段都能最有效；把物体分成可以互相移动的部分；一个物体整体是静止的，使其移动或可转动。

IP29 气压或液压结构原理：将物体的固体部分用气体或流体代替。

IP37 热膨胀原理：利用材料的热膨胀（或收缩）；组合使用不同热膨胀系数的材料。

IP28 机械系统替代原理：用声学、光学、嗅觉系统替代机械系统；用动态场替代静态场，用确定场替代随机场；使用与物体作用的电场、磁场或电磁场；场与铁磁粒子的联合使用。

综合分析，利用 IP15 动态性原理中“改变对象（或外部环境）的特征，使其在每一工作阶段都能最有效；把物体分成可以互相移动的部分；一个物体整体是静止的，使其移动或可转动”最有利于问题的解决。

4. 解决拖把吸水能力不强的问题

解决这一问题需要改善的技术性参数为：27 号可靠性参数，拖把是否能够可靠地将地板上的水吸干净。恶化的技术性参数为：26 号物质的数量，很可能需要增加某一具有强吸附能力的物质。

针对这一问题查找冲突矩阵，得知可供使用的解决原理如下。

IP21 急速作用原理：以极快的速度进行危险或有害的流程或步骤。

IP28 机械系统替代原理：用声学、光学、嗅觉系统替代机械系统；用动态场替代静态场，用确定场替代随机场；使用与物体作用的电场、磁场或电磁场；场与铁磁粒子的联合使用。

IP40 复合材料原理：用复合材料代替单一或均质材料。

IP3 局部特性原理：从对象的均匀结构(或外部环境、外部作用)过渡到非均匀结构；让对象的不同部分具有或执行不同的功能；让物体的各部分功能尽量保持在一定条件下的最佳状态。

综合分析，利用 IP40 复合材料原理中“用复合材料代替单一或均质材料”最有利于问题的解决。

5. 解决拖把不能清除卫生死角的问题

解决这一问题需要改善的技术性参数为：35 号适应性、多样性参数，可以适应各种复杂环境。恶化的技术性参数为：13 号稳定性参数，可以灵活运动，必然会使其结构不太稳定。

针对这一问题查找冲突矩阵，得知可供使用的解决原理如下。

IP35 物理或化学状态改变原理：改变聚集态；改变物体的浓度或密度；改变系统的柔性；改变物体的温度。

IP30 柔性壳体或薄膜结构原理：使用柔性壳体或薄膜代替标准结构；使用柔性壳体或薄膜，将物体与环境隔离。

IP14 曲面化原理：将物体的直线、平面部分用曲线或球面代替；使用滚筒、球、螺旋结构；改直线运动为旋转运动，应用离心力。

综合分析，利用 IP30 柔性壳体或薄膜结构原理中的“使用柔性壳体或薄膜代替标准结构”最有利于问题的解决。

6. 解决拖把拖地不干净的问题

解决这一问题需要改善的技术参数为：27 号可靠性参数，将地板擦拭得更干净。恶化的技术参数为：36 号装置的复杂性参数。

针对这一问题查找冲突矩阵，得知可供使用的解决原理如下。

IP1 分割原理：把一个物体分成相互独立的部分；将物体分成容易组装和拆卸的部分；提高物体的可分性。

IP13 反演原理：不采取由问题的条件所决定的行动，而采取相反的行动；使物体（或外部环境）的移动部分不动，而不动部分应使其移动；将对象颠倒或翻转。

IP35 物理或化学状态改变原理：改变聚集态；改变物体的浓度或密度；改变系统的柔性；改变物体的温度。

综合分析，可利用 IP1 分割原理中的“提高物体的可分性”和 IP35 物理或化学状态改变原理中的“改变物体的温度、密度等参数”最有利于问题的解决。

（四）问题解决

综合上述分析及其提供的解决问题适用的原理，得出如下解决方案。

（1）为了解决拖把不易拧干的问题，可以额外配置一个拧干装置，将拖把放置其中，用脚踩或者手拉等方式拧干拖把。

（2）为了解决拖把的使用舒适度问题，可以将拖把的手柄设置成符合人体工程学的形状，使人在拖地过程中更省力。

（3）为了解决拖把不能同时清洁和擦干的问题，可以交替使用干湿两块拖把布。

（4）为了解决拖把吸水性的问题，可将一种吸水能力超强的材料应用到拖把布中。

（5）为了解决拖把清除卫生死角的问题，可以将拖把柄与拖把布的连接处设计成可 360 度自由转动的铰接结构。

（6）为了解决拖地不干净的问题，可以在拖把布里设置一种加热装置，使去污速度更快。也可在拖把上加装一个清洁瓶，瓶内可放入清洁液，在拖地过程中轻按按钮，清洁液即可喷出，特别适用于油渍污渍的清除。

（五）方案验证

新时代的产物——电动拖把（图 5-7)。这种拖把通过电机发力，高速旋转摩擦去除顽固污渍，高效清洁，省时省力；拖布采用极细的纤维材质，吸水性好且不会滋生细菌；其手柄为可折式，可 360°旋转，深入床底、沙发底等部位，还可以清洁玻璃、纱窗等，可以说是一物多用。

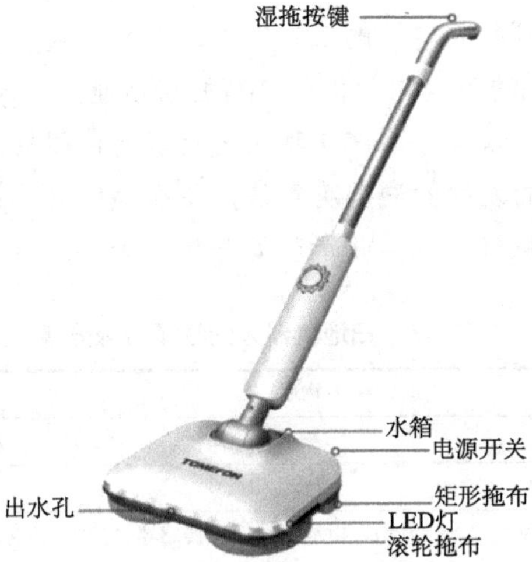

图 5-7 电动拖把

【应用实例 5-8】

提高智能吸尘器的清洁效果

（一）应用背景

随着智能吸尘器（也叫扫地机器人）的问世，其使用效果受到关注。扫地机器人，顾名思义应具备能自动清洁地面的功能，而不需要人为操作，只需提前设定好它的工作方式（例如，是一次性工作还是每天工作一次，是隔天或每天的固定时刻工作，还是等候口头指令等）。同时，它自动把内部垃圾传送到一个大容量垃圾箱中去，不需要手动倾倒垃圾。它还可以自动充电，并且很安全，不会有触电危险，可自动识别打扫区域，不会撞坏东西，不会跌落等。一些知名公司如日本松下、韩国三星、LG、瑞典伊莱克斯、荷兰飞利浦等公司均曾开发了这类产品。但是在实际使用过程中发现，这类产品在推广初期，因技术不成熟，往往并不能达到令人满意的效果，还存在着清洁效果不佳等问题。

（二）问题描述

为了提高扫地机器人的清洁能力，通过增大电机的功率增大其吸力，但会因其功率过大需要更频繁地为电池充电，这一做法不可取。因此要解决的问题是，既要提高其清洁能力和效率，同时又不增大电池容量和电机功率。如何对现有扫地机器人进行最小的改动，是我们要研究和改进的问题。

（三）问题分析

在扫地机器人这一系统中存在着一对技术冲突：如果机器人的吸入功率足够大，

则除尘力度更大，但会导致电池耗电量的增大，导致工作时间大大缩短；反之，如果机器人的吸入功率小，可延长电池的工作时间，但又导致吸尘器的吸力和除尘能力减弱。因此，系统问题解决的关键在于提供更高的清洁能力，这也是我们要改善的功能。系统的作用对象是污物和灰尘，系统实现主要功能所使用的工具：机器人吸气口中的气流。根据 TRIZ 理论的发明问题解决算法，要在吸气口处提供强大的气流，同时并不因此而增大电池和电机容量。其物场资源分析见表 5-3。

表 5-3　扫地机器人的物场资源分析

物场资源		物质	场
内部系统	产物	灰尘	重力、机械黏附、静电黏附
外部系统	工具	气流	负静压、动压、黏性、摩擦力
	超系统	吸气口、排气口、电池、转轮、传感器、控制系统、天线、其他组件	电、磁场、滚动摩擦、滑动摩擦、惯性力
	环境	周围空气、地板、地毯、家具、墙壁、障碍物	大气压力、重力、地磁场
	副产物	排出空气	静态及动态正压

（四）问题解决

结合上述问题分析，扫地机器人技术最终理想结果：利用空气搅动原理制造出机器人真空清洁器。即通过空气搅动原理对吸气口改动，让气流在吸气口与被清洁表面的相互作用过程中提供强大的吸力，作用在吸气口处的灰尘上，这样既提高了工作效率，又可使电池维持足够长的时间。

（五）方案验证

该方案采用一种包含空气循环系统的搅动装置，使空气通过吸气口吸入循环并被过滤。过滤后的空气通过空气喷射口回流到排气管线内。空气喷射口位于吸气口附近，通过对被清洁表面进行密封，可防止灰尘泄漏到外面，使清洁更为完全、便捷。

【应用实例 5-9】

ICDS 智能井盖监测系统

（一）应用背景

随着城市市政公用设施建设的发展，多种行业如电力、通信等，大都有自己部门管理的井盖。但是由于缺乏对井盖进行有效的实时监控及管理，井盖被偷盗的现象时有发生。这不仅影响了相关设备的正常工作，造成巨大的经济损失，而且失去井盖的井口也会对车辆和行人造成较大的安全隐患。目前，我国政府解决井盖破坏丢失等问题主要依靠人工巡查，发现问题再进行快速处置。这种管理方式耗费大量的人力物力，并且面对数量巨大、分布零散的井盖，仅靠肉眼识别，工作难度大、效率低。

（二）问题描述

随着科技的发展，有关部门也尝试通过物联网技术对井盖实施监控，如三鑫隆的智能井盖管理平台、中兴的 NB-IoT 技术等。但是他们推出的技术都是借助现代科技发展下的监控技术对井盖或地下管道系统进行外部检测。目前国内没有一家管理系统是基于井盖自身来获取一手资料，然后对井盖状态进行检测。另外，由于井盖数量多、分布广，如果仅依靠外部独立监控技术实现全区域覆盖，则会大大增加投入成本，且其他因素影响较大，全面实施还存在很大问题。

（三）问题分析

在井盖管理这一技术系统中存在的技术冲突：如果智能井盖信号传播范围广，则耗电增多，井盖电池维护成本增高，并且频繁维护电池带来安全隐患；如果降低智能井盖在信号传播方面的电能消耗，则会减小智能井盖信号覆盖范围，增加智能井盖信号接收基站成本。

物理冲突：井盖发射信号，电能消耗应该足够大，以便基站接收更多井盖发出的信号，同时又应该足够小，降低电池维护成本。

技术最终理想结果：通过对电池的选择以及信号协议、频段选择，达到信号覆盖范围最广、电能消耗最小并存的效果。

（四）问题解决

具体解决方案：建立智能井盖系统（图 5-8）。利用 NB-IoT 组网技术打破了基于井盖外部检测的传统理念。首先在窨井终端嵌入通信节点、倾角传感器和分布式电源，窨井终端将电信号转化为数字信号，然后再将数字信号通过 WSW 网络发送到数据汇聚单元；数据处理单元将几个数据汇聚单元采集到的数据进行接收、记录及处理，如有需要还可进行信号的协议转换；最终将信号发送到中央控制器，中央控制器获取数据并完成数据分析，控制器（上位机）部分借用百度地图提供的 API 将被监视区域的地图显示在网页中，将各节点收集的数据在网页中以图表的形式呈现出来，最终以可视化形式展现给用户（检测中心和移动监测终端）。

除此之外，团队还考虑了燃气、排水、供暖等不同管道的特殊需求，并将甲烷传感器、流速检测仪、温度传感器通过 NB-IoT 组网技术融入数字化可自我检测井盖系统，实现对燃气管道存在的燃气泄漏、供暖系统出现的热量局部散失等问题的解决，同时对雨水进入下水道时的流速进行检测，获取整个城市各个位置的地下水状态，所有数据经系统分析处理以可视化形式展现给用户。

通过可视化界面，用户可以直观地了解各个节点间的位置，并获取各节点的井盖状态以及不同地下管道的内部状态。当出现各种异常状况如井盖丢失、破损，燃气管道天然气泄漏，供暖系统局部热量散失等，则及时向用户反馈状态和位置等信息。

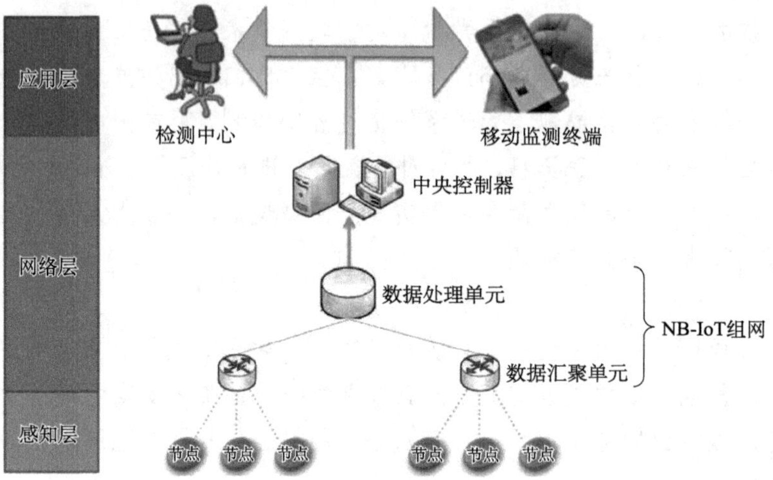

图 5-8　智能井盖系统

（五）方案验证

智能井盖系统模拟了窨井盖在实际工况下的受力情况，测试了窨井盖加载至破坏时以及在循环荷载和冲击荷载作用下倾角的变化情况。然后根据渗滤阈值制作了带倾角传感器的混凝土窨井盖，多个窨井盖（节点）构建一个完整系统，并汇总信息，再通过 ZigBee 组网传输信息，将锁定的信号传入中央控制器进行处理，最后将结果以可视化的形式反馈给用户。

这一套市政井盖综合智能管理解决方案，将城市井盖管理和处置网络化、精细化、信息化管理，完善了事件处置流程，实现了对井盖的责任追溯，维护了道路安全，降低了管理成本。

（资料来源：徐州工程学院第五届“互联网＋”大学生创新创业大赛暨省赛选拔赛项目，《数字城管：ICDS 智能井盖监测系统》，徐州工程学院致梦青春创业团队。项目负责人：黄辰瑞）

问题思考

1. 你是否有过用发明原理解决问题的亲身经历？请至少总结一个实际案例。
2. 请根据下面的材料中提炼出 1～2 个技术矛盾，并考虑如何利用矛盾矩阵来获得解决方案。

材料：随着城市化进程的加快，城市人群数量激增，为了满足其居住需求，城市启动了大量的高楼建设项目。但是，高楼的建设存在一定问题，比如，楼房的抗震性能减弱，不利于周边建筑的采光等。同时，楼房建设密度过大，还会缩小城市道路空间，造成交通堵塞等问题。

3. 运用 TRIZ 方法对下面材料中的问题进行分析，并运用分离原理加以解决。

材料：普通的胶是一种黏稠的液体。胶必须有足够的黏性才能将物体粘连在一起。但是，我们使用胶的同时，经常会不小心将胶粘在手上，给我们带来困扰。

主要参考文献

爱德华·德·波诺. 1991. 横向思维——一步一步创造[M]. 金佩琳, 袁立春, 李桂山, 等译. 北京: 东方出版社

蔡仁赐. 2006. 试错法及其在教育政策中的表现[J]. 齐齐哈尔师范高等专科学校学报, 94(4): 20-22

陈光. 2011. 创新思维与方法：TRIZ 的理论与应用[M]. 北京: 科学出版社

陈红柳, 任工昌, 鲁麒, 等. 2013. TRIZ 和头脑风暴对创造性思维的促进作用研究[J]. 机械设计与制造, (11): 268-269, 272

陈敏慧, 蒋艳萍, 吕建秋. 2015. TRIZ 国内外研究现状、存在问题及对策研究[J]. 科技管理研究, 35(1): 24-27

陈卓国. 2019. 创新思维与方法[M]. 武汉: 华中科技大学出版社

高恒, 唐跃莉, 姜莉, 等. 2017. TRIZ 理论发展现状及对策研究[J]. 科技资讯, 15(15): 241, 243

根里奇·阿奇舒勒. 2004. 创新 40 法——TRIZ 创造性解决技术问题的诀窍[M]. 范怡红, 黄玉霖, 译. 成都: 西南交通大学出版社

国家发展和改革委员会. 2015. 2015 年中国大众创业万众创新发展报告[M]. 北京: 人民出版社

胡飞雪. 2019. 创新思维训练与方法: 升级版[M]. 北京: 机械工业出版社

黄汝丽. 2019. 大学生创新思维障碍及其突破路径研究[J]. 产业与科技论坛, 18(2): 112-113

江帆. 2015. TRIZ 与可拓学比较及融合机制研究[M]. 北京: 北京理工大学出版社

卡尔·波普尔. 1986. 猜想与反驳——科学知识的增长[M]. 傅季重, 纪树立, 周昌忠, 等译. 上海: 上海译文出版社

蒯苏苏, 景龙, 张文刚, 等. 2016. 基于手机 Android 操作系统自动控制一种移动机器人[J]. 精密制造与自动化, (4): 45-50

李存金, 王兆华. 2012. 创新方法系统集成及应用[M]. 北京: 科学出版社

李梅芳, 赵永翔. 2016. TRIZ 创新思维与方法: 理论及应用[M]. 北京: 机械工业出版社

李伊力, 何筠. 2009. TRIZ：科技创新新方法——兼论 TRIZ 与传统创新方法的比较[J]. 企业经济, 28(8): 23-25

梁渊. 2013. 创造性思维过程的理论概述[J]. 青年科学, 34(8): 331

林岳, 谭培波, 史晓凌, 等. 2009. 技术创新实施方法论 DAOV[M]. 北京: 中国科学技术出版社

刘春杰. 1987. 略论纵向思维与横向思维[J]. 青海师范大学学报(哲学社会科学版), 9(1): 8-13

娄华, 李智丽, 廖洁丹. 2019. 探讨思维方式对培养高素质研究生人才的重要性——以发散思维和收敛思维为例[J]. 教育教学论坛, (14): 234-236

卢尚功, 梁成刚, 高丽霞. 2018. 创新方法与创新思维[M]. 北京: 化学工业出版社

鲁百年. 2018. 创新设计思维：创新落地实战工具和方法论[M]. 北京：清华大学出版社
罗玲玲，武青艳，代岩岩. 2019. 创新思维与创新方法[M]. 北京：机械工业出版社
罗以洪. 2014. TRIZ 集成创新方法的系统结构及应用研究[M]. 成都：电子科技大学出版社
马广生，辛建龙，王昭仙. 2013. 基于 TRIZ 的建筑工程设计施工方案的优化[J]. 安徽建筑, (5): 203-205
莫名. 2008. 检核表法：创造技法之母[J]. 发明与创新(综合版), (10): 18
尼古拉·什帕科夫斯基. 2010. 进化树：技术信息分析及新方案的产生[M]. 郭越红，孔晓琴，林岳，等译. 北京：中国科学技术出版社
潘承怡，姜金刚. 2015. TRIZ 理论与创新设计方法[M]. 北京：清华大学出版社
彭露，左恒峰. 2014. 六帽思维法在设计创新实践中的应用[J]. 设计艺术研究, 4(4): 6-11
齐洪利. 2019. 创新思维训练教程[M]. 北京：清华大学出版社
师建华，黄萧萧. 2019. 创新思维开发与训练[M]. 北京：清华大学出版社
孙永伟. 2015. TRIZ——打开创新之门的金钥匙[M]. 北京：科学出版社
檀润华. 2010. TRIZ 及应用：技术创新过程与方法[M]. 北京：高等教育出版社
王保国. 2015. 关于创新思维与逻辑思维关系的哲学思考[J]. 延边大学学报(社会科学版), 48(2): 102-108
王传友. 2010. TRIZ 新编创新 40 法及技术矛盾与物理矛盾[M]. 西安：西北工业大学出版社
王传友，欧阳怡山，王国江. 2015. 创新方法 TRIZ 解读改进补充完善[M]. 西安：陕西科学技术出版社
王海燕，郑秀梅. 2017. 创新驱动发展的理论基础、内涵与评价[J]. 中国软科学, (1): 41-49
王亮申，孙峰华. 2010. TRIZ 创新理论与应用原理[M]. 北京：科学出版社
王亚东，赵亮，于海勇. 2018. 创造性思维与创新方法[M]. 北京：清华大学出版社
文援朝，胡慧河. 2002. 波普尔试错法述评[J]. 求索, (2): 87-89
吴兴华. 2019. 创新思维方法与训练[M]. 广州：中山大学出版社
武青艳，陈瑞三，罗玲玲. 2013. TRIZ 理论的优势特点及其局限性[J]. 辽宁教育行政学院学报, 30(4): 17-21
兴启. 1990. 创造技法之母——检核表法[J]. 中国人才, (9): 26-27
闫洪波，檀润华，杨泽中，等. 2019. TRIZ 理论在涡轮破泡消噪中的应用研究[J]. 机械设计与制造, (6): 25-27
杨培，曹国忠，周坤，等. 2019. 基于 TRIZ 理论的快递电动车创新设计[J]. 包装工程, 40(14): 135-143
杨清亮. 2008. 发明是这样诞生的: TRIZ 理论全接触[M]. 北京：机械工业出版社
姚威，韩旭，储昭卫. 2019. 创新之道——TRIZ 理论与实战精要[M]. 北京：清华大学出版社
余海亮. 2008. 面向产品概念创新设计的本体集成模型研究[D]. 北京：北京交通大学
赵敏，张武城，王冠殊. 2015. TRIZ 进阶及实战——大道至简的发明方法[M]. 北京：机械工业出版社
詹姆斯 L. 亚当斯. 1990. 突破思维的障碍[M]. 陈新，王箐，陈旭明，等译. 北京：中国社会科学出版社
詹泽惠，梅虎，麦子号，等. 2019. 创造性思维与创新思维：内涵辨析、联动与展望[J]. 现代远程教育研究, (2): 40-49, 66
张虎林. 2010. 论求异思维与企业经营创新[J]. 商业时代, (4): 47-48, 53
张明勤. 2012. TRIZ 入门 100 问——TRIZ 创新工具导引[M]. 北京：机械工业出版社
张鑫海，魏纲. 2018. 技术矛盾矩阵在地基处理创新中的应用[J]. 低温建筑技术, 40(6): 98-101
周苏. 2018. 创新思维与 TRIZ 创新方法[M]. 北京：清华大学出版社
Álvarez A, Ritchey T. 2015. Applications of general morphological analysis: From engineering design to

policy analysis[J]. Acta Morphologica Generalis, 4(1): 5
Chechurin L, Collan M. 2019. Advances in Systematic Creativity: Creating and Managing Innovations[M]. New York: Springer
Petrov V. 2019. TRIZ. Theory of Inventive Problem Solving: Level 1[M]. New York: Springer
Salton G J, Fuhrmann C E. 1999. Enhancing and expanding "Six Hat" thinking with organizational engineering[J]. Journal of the Organization, 31(3): 3-6
Serrat O. 2017. Knowledge Solutions: Tools, Methods, and Approaches to Drive Organizational Performance[M]. Singapore: Springer Nature: 615-618
Wills I. 2019. Thomas Edison: Success and Innovation through Failure[M]. New York: Springer: 203